“1+X”职业技能等级证书配套系列教材

发电集控运维

职业技能等级证书培训教材

中 级

博努力（北京）仿真技术有限公司 组编

中国电力出版社
CHINA ELECTRIC POWER PRESS

内容提要

本书为“1+X”发电集控运维职业技能等级证书（中级）培训配套教材，以职业技能等级标准和发电行业对集控运维副值岗位人员职业技能要求为依据进行编写，主要阐述机组启动相关的职业技能及相关专业知识。

本书分为机组启动、机组运行调整、机组停运三个工作领域，包含二十六个工作任务，每个工作任务又按照任务描述、任务分析、相关知识、完成任务、任务评价、课后练习六个部分分别进行阐述，全书配备了近百个资源的二维码，帮助读者更好地理解和掌握相关知识。

本书为发电集控运维职业技能等级证书（中级）的培训教材，也可作为发电机组运行技术人员的参考书，还可供应用型本科院校、高等职业院校、中等职业学校相关专业的教师和学生参考。

图书在版编目（CIP）数据

发电集控运维职业技能等级证书培训教材：中级/博努力（北京）仿真技术有限公司组编．—北京：中国电力出版社，2021.8

“1+X”职业技能等级证书配套系列教材

ISBN 978-7-5198-4634-3

Ⅰ.①发… Ⅱ.①博… Ⅲ.①火力发电—发电机组—电力系统运行—职业技能—鉴定—教材 Ⅳ.①TM621.3

中国版本图书馆 CIP 数据核字（2020）第 078127 号

出版发行：中国电力出版社
地　　址：北京市东城区北京站西街 19 号（邮政编码 100005）
网　　址：http://www.cepp.sgcc.com.cn
责任编辑：吴玉贤（010-63412540）
责任校对：黄　蓓　于　维
装帧设计：赵姗姗
责任印制：吴　迪

印　　刷：三河市万龙印装有限公司
版　　次：2021 年 8 月第一版
印　　次：2021 年 8 月北京第一次印刷
开　　本：787 毫米×1092 毫米　16 开本
印　　张：11.5
字　　数：235 千字
定　　价：38.00 元

发电集控运维
职业技能等级证书配套系列教材

编　委　会

发电集控运维
职业技能等级证书培训教材（中级）

编　委　会

前　言

本书总码

为贯彻落实《国家职业教育改革实施方案》，积极推动“1+X”证书制度的实施，博努力公司开发了发电集控运维职业技能等级证书。为配合该证书的培训和考核，编委会以《发电集控运维职业技能等级标准》《发电集控运维职业技能等级培训指导方案》和《发电集控运维职业技能等级考核方案》为依据，编写了《发电集控运维职业技能等级证书培训教材》，分为初级、中级、高级，共三册。

发电集控运维职业技能培训与考核所使用的发电机组为全范围仿真系统，参考对象包括典型的 50MW 循环流化床母管制机组、350MW 超临界循环流化床机组、330MW 亚临界燃煤机组以及 660MW 超超临界燃煤机组。本书以上述机组的仿真系统为基础，并兼顾其他机型的特点，充分考虑发电机组集控运行副值岗位的基本要求和岗位职责，全面系统地介绍了机组启动、运行调整以及停运等操作和相关知识。书中涉及的参数定值与操作步骤依据的是仿真系统的参考对象，其他机组的相应情况可能会有所差别，应根据实际确定。

为了直观表现机组系统与设备的相关知识和启停操作过程，本书配备了近百个资源的资源库，资源的形式为二维、三维动画和配有声音的操作录屏等，可在相应位置扫码获取。

本书得到了全国电力职业教育教学指导委员会热动专业委员会、中国电力教育协会的指导和大力支持。本书由保定电力职业技术学院佟鹏副教授、博努力（北京）仿真技术有限公司“1+X”事业部总经理王小亮主编，在编写和资源制作过程中，查阅了相关参考文献，有关兄弟院校和企业的技术资料、说明书、图纸等，并得到相关院校的老师和企业同行的热情帮助，在此一并表示衷心的感谢。

限于编者水平，如书中有不妥之处，敬请读者提出宝贵意见，请反馈至博努力（北京）仿真技术有限公司 1+X 事业部，邮箱：bernouly@126. com。

本书编委会

2021 年 8 月

目 录

工作领域一　机　组　启　动

工作任务一　厂用电系统投运

工作子任务一　直　流　系　统　送　电

为了给继电保护、控制、信号、事故照明、计算机监控、交流不间断电源等直流负荷供电，发电厂设有由蓄电池组供电的直流系统，全厂失电时，可短时由蓄电池单独供给负荷。

一、 任务描述

直流系统送电包括对 220V 直流系统送电和 110V 直流系统送电，全厂失电情况下，直流系统由蓄电池供电。220V 直流系统有一个蓄电池组，110V 直流系统有两个蓄电池组。送电之前要先测量一下蓄电池组的电压是否满足要求。

资源库 1_220V 直流系统送电

资源库 2_110V 直流母线送电

二、 任务分析

这项任务需要按顺序进行直流系统送电的操作（以 660MW 机组为例，其他各类型机组参照执行）。因此需要我们严格按照操作票操作，并做好记录。直流系统送电操作票见表 1-1-1 为了与仿真平台界面一致，负荷空气开关和母线空气开关均用 QS 表示。

表 1-1-1　　直流系统送电操作票

<table>
<tr><td colspan="4">操作任务：直流系统送电</td></tr>
<tr><td colspan="1">操作开始时间</td><td>年　月　日　时　分</td><td>操作结束时间</td><td>年　月　日　时　分</td></tr>
<tr><td>顺序</td><td colspan="2">危险因素预控项目</td><td>执行</td></tr>
<tr><td>1</td><td colspan="2">对应设备名称和编号，防止误入带电间隔</td><td></td></tr>
<tr><td>顺序</td><td colspan="2">操　作　项　目</td><td>执行</td></tr>
<tr><td>1</td><td colspan="2">接值长令，将直流系统送电</td><td></td></tr>
<tr><td>2</td><td colspan="2">检查并确认 220V（DC）配电柜各负荷空气开关在分闸位置</td><td></td></tr>
<tr><td>3</td><td colspan="2">检查并确认蓄电池组电压为 220V 左右</td><td></td></tr>
<tr><td>4</td><td colspan="2">合上蓄电池组至 220V（DC）母线空气开关- QS</td><td></td></tr>
<tr><td>5</td><td colspan="2">合上 1QS1 空气开关</td><td></td></tr>
<tr><td>6</td><td colspan="2">合上 2QS1 空气开关</td><td></td></tr>
<tr><td>7</td><td colspan="2">检查并确认直流母线电压为 220V 左右</td><td></td></tr>
<tr><td>8</td><td colspan="2">合上 220V（DC）配电柜各负荷空气开关，各负荷指示灯指示正常</td><td></td></tr>
<tr><td>9</td><td colspan="2">检查并确认 110V（DC）配电柜 1-2 各负荷空气开关在分闸位置</td><td></td></tr>
</table>

续表

顺序	操 作 项 目	执行
10	检查并确认该段蓄电池组电压为110V左右	
11	合上蓄电池组至110V（DC）母线空气开关1QS	
12	检查并确认对应该段直流母线电压为110V左右	
13	合上110V（DC）配电柜1-2负荷空气开关，各负荷指示灯指示正常	
14	检查并确认110V（DC）配电柜3-4各负荷空气开关在分闸位置	
15	检查并确认该段蓄电池组电压为110V左右	
16	合上蓄电池组至110V（DC）母线空气开关2QS	
17	检查并确认对应该段直流母线电压为110V左右	
18	合上110V（DC）配电柜3-4负荷空气开关，各负荷指示灯指示正常	
19	操作完毕，汇报记录	
备注：		
操作人：	值班负责人：	值长：

三、相关知识

充电装置是火力发电厂直流电源系统的核心组成部分。目前，应用最为广泛的是电力用高频开关模块式整流器。这种充电装置具有波纹系数小、稳流稳压性好、效率高和体积小等优点。

电力用高频开关模块式整流器工作原理：输入的三相交流电，首先进入尖峰抑制及EMI滤波电路，之后由全桥整流电路将交流电整流成直流电，经DC/DC变换电路把所得的直流电变成稳定的直流电。脉宽调制电路根据电网和负载变化，自动调节高频开关的脉冲宽度，使输出电压在任何允许的情况下都能保持稳定。监控单元接受上级监控模块发来的指令或手动操作指令，对电源模块进行控制，控制输出、均浮充转换、限流点设置、输出电压调整。监控单元还对输出直流电压、电流进行检测显示。单个开关模块电流为5～40A，可通过模块并联组合满足蓄电池充电所需的电流。高频开关整流设备为智能式，可实现自动稳压、稳流，使蓄电池工作在最佳状态，它的纹波系数小于0.5%，稳流和稳压精确度均小于±0.5%，更适合阀控式密封铅酸电池。其原理框图如图1-1-1所示。

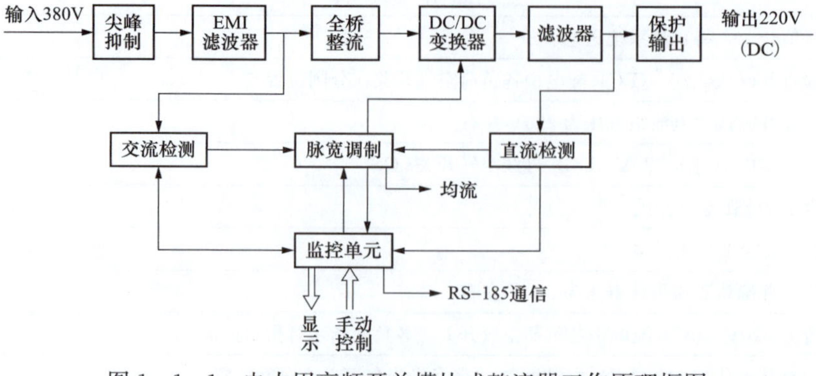

图1-1-1　电力用高频开关模块式整流器工作原理框图

四、 完成任务

登录660MW超超临界机组（330MW亚临界机组、350MW超临界循环流化床机组、50MW循环流化床母管制机组）系统平台，严格按规范程序完成直流系统送电的工作。

五、 任务评价

根据工作任务完成情况，对照评价项目和技术标准规范，逐项评价，确定技能水平和改进要求。直流系统送电评价表见表1-1-2。

表1-1-2　　直流系统送电评价表

内容		评价	
学习目标	评价项目	个人评价	教师评价
知识目标	描述直流系统的作用		
	简述直流系统组成		
	掌握直流系统的送电操作		
	画出直流系统图		
技能目标	检查并确认220V（DC）配电柜各负荷空气开关在分闸位置		
	检查并确认蓄电池组电压为220V左右		
	合上蓄电池组至220V（DC）母线空气开关（QS）		
	合上1QS1空气开关		
	合上2QS1空气开关		
	检查并确认直流母线电压为220V左右		
	合上220V（DC）配电柜各负荷空气开关，各负荷指示灯指示正常		
	检查并确认110V（DC）配电柜1-2各负荷空气开关在分闸位置		
	检查并确认该段蓄电池组电压为110V左右		
	合上蓄电池组至110V（DC）母线空气开关1QS		
	检查并确认对应该段直流母线电压为110V左右		
	合上110V（DC）配电柜1-2负荷空气开关，各负荷指示灯指示正常		
	检查并确认110V（DC）配电柜3-4各负荷空气开关在分闸位置		
	检查并确认该段蓄电池组电压为110V左右		
	合上蓄电池组至110V（DC）母线空气开关2QS		
	检查并确认对应该段直流母线电压为110V左右		
	合上110V（DC）配电柜3-4负荷空气开关，各负荷指示灯指示正常		
素质目标	沟通能力		
	团队合作能力		
	方法创新能力		
	突发事件处理能力		
改进要求			

六、 课后练习

（1）描述直流系统的作用。

（2）简述直流系统组成。

（3）画出直流系统图。

（4）利用仿真平台训练直流系统的送电操作。

工作子任务二　UPS　送　电

为了向火力发电厂不允许停电的热工控制系统、电子计算机及通信系统等重要交流负荷提供不会中断并符合要求的交流电源，每个单元机组至少装设了一套交流不停电电源装置，称为UPS。

一、 任务描述

由于全厂失电，在直流送电的基础上，完成对UPS的送电。此时UPS由220V直流系统经逆变器变成220V交流电供电。

资源库 3_UPS 送电

二、 任务分析

这项任务需要按顺序进行UPS送电的操作（以660MW机组为例，其他各类型机组参照执行）。因此需要我们严格按照操作票操作，并做好记录。UPS送电操作票见表1-1-3。

表1-1-3　　UPS 送 电 操 作 票

<table>
<tr><td colspan="5">操作任务：UPS送电</td></tr>
<tr><td colspan="2">操作开始时间</td><td>年　月　日　时　分</td><td>操作结束时间</td><td>年　月　日　时　分</td></tr>
<tr><td>顺序</td><td colspan="3">危险因素预控项目</td><td>执行</td></tr>
<tr><td>1</td><td colspan="3">对应设备名称和编号，防止误入带电间隔</td><td></td></tr>
<tr><td>顺序</td><td colspan="3">操 作 项 目</td><td>执行</td></tr>
<tr><td>1</td><td colspan="3">接值长令，将UPS送电</td><td></td></tr>
<tr><td>2</td><td colspan="3">打开220V（DC）配电柜，检查并确认UPS主机柜Ⅰ电源和UPS主机柜Ⅱ电源空气开关指示灯亮</td><td></td></tr>
<tr><td>3</td><td colspan="3">合上UPS主机A柜直流电源空气开关</td><td></td></tr>
<tr><td>4</td><td colspan="3">合上UPS主机A柜输出空气开关</td><td></td></tr>
<tr><td>5</td><td colspan="3">检查并确认输出电压为225V、频率50Hz左右</td><td></td></tr>
<tr><td>6</td><td colspan="3">合上UPS主机B柜直流电源空气开关</td><td></td></tr>
<tr><td>7</td><td colspan="3">合上UPS主机B柜输出空气开关</td><td></td></tr>
<tr><td>8</td><td colspan="3">合上至UPS-A配电柜各个负荷空气开关</td><td></td></tr>
<tr><td>9</td><td colspan="3">检查并确认UPS-A配电柜各负荷指示灯指示正常</td><td></td></tr>
<tr><td>10</td><td colspan="3">合上至1号机UPS-B配电柜各个负荷空气开关</td><td></td></tr>
<tr><td>11</td><td colspan="3">检查并确认UPS-B配电柜各负荷指示灯指示正常</td><td></td></tr>
<tr><td>12</td><td colspan="3">操作完毕，汇报记录</td><td></td></tr>
<tr><td colspan="5">备注：</td></tr>
<tr><td colspan="2">操作人：</td><td colspan="2">值班负责人：</td><td>值长：</td></tr>
</table>

三、 相关知识

交流不停电电源 UPS 应满足如下条件：

（1）在机组正常和事故状态下，均能提供电压和频率稳定的正弦波电源。

（2）能起电隔离作用，防止强电对测量、控制装置，特别是晶体管回路的干扰。

（3）全厂停电后，在机组停机过程中保证对重要设备不间断供电。

（4）有足够容量和过载能力，在承受所接负荷的冲击电流和切除出线故障时，对本装置无不利影响。

机组设两套交流不停电电源装置（UPS），两套 UPS 设置一公共旁路，正常运行时两台 UPS 平均分担负荷，即各带 50%的负荷。当其中一台 UPS 发生故障，在并机控制系统的调控下，将故障 UPS 退出运行，非故障 UPS 将带 100%负荷（实现无时限的切换）。若此时该 UPS 故障或过载，负荷将自动切换至旁路。当发生两台 UPS 交流主电源均消失时。UPS 将由本单元机组的直流经隔离二极管向逆变器供电。

交流不停电电源容量为 80kVA，交流输入电压为三相三线 380V、50Hz，输出交流电压为单相 220V、50Hz。

两套交流不停电电源装置（UPS）主路交流电源、旁路交流电源均取自本机组保安 PCA、PCB 段，其直流电源取自本机组 220V 直流配电盘，作为正常交流电源失去时的备用电源。

手动旁路空气开关 BYPASS 用来手动切换到旁路状态。可在不中断 UPS 负荷电源的前提下对整流器、逆变器和静态空气开关检修。

四、 完成任务

登录 660MW 超超临界机组（330MW 亚临界机组、350MW 超临界循环流化床机组、50MW 循环流化床母管制机组）系统平台，严格按规范程序完成 UPS 系统送电的工作。

五、 任务评价

根据工作任务完成情况，对照评价项目和技术标准规范，逐项评价，确定技能水平和改进要求。UPS 送电评价表见表 1－1－4。

表 1－1－4　　UPS 送电评价表

内容		评价	
学习目标	评价项目	个人评价	教师评价
知识目标	简述 UPS 的作用		
	简述 UPS 的工作方式		
	掌握 UPS 的送电操作		
技能目标	打开 220V（DC）配电柜，检查并确认 UPS 主机柜Ⅰ电源和 UPS 主机柜Ⅱ电源空气开关指示灯亮		
	合上 UPS 主机 A 柜直流电源空气开关		
	合上 UPS 主机 A 柜输出空气开关		
	检查并确认输出电压为 225V、频率 50Hz 左右		

续表

内容		评价	
学习目标	评价项目	个人评价	教师评价
技能目标	合上 UPS 主机 B 柜直流电源空气开关		
	合上 UPS 主机 B 柜输出空气开关		
	合上至 UPS－A 配电柜各个负荷空气开关		
	检查并确认 UPS－A 配电柜各负荷指示灯指示正常		
	合上至 1 号机 UPS－B 配电柜各个负荷空气开关		
	检查并确认 UPS－B 配电柜各负荷指示灯指示正常		
素质目标	沟通能力		
	团队合作能力		
	方法创新能力		
	突发事件处理能力		
改进要求			

六、课后练习

（1）简述 UPS 的作用。

（2）简述 UPS 的工作方式。

（3）利用仿真平台训练 UPS 送电的操作。

工作子任务三　220kV 母线送电

由于蓄电池的容量有限，可短时的有带负荷的能力，不能长时间的运行。因此在直流系统和 UPS 系统送电后，需要尽快向调度申请恢复 220kV 母线运行，然后恢复厂用电。

一、任务描述

厂内 220kV 升压站采用双母线接线方式，设专用母联断路器。把 220kV 母线送电至正常运行方式，即双母线并列运行，母联断路器投入。按照顺序将隔离开关和断路器合闸，检查 220kV 母线电压正常。

资源库 4_220kV 母线送电

二、任务分析

这项任务需要按顺序进行 220kV 母线送电的操作（以 660MW 机组为例，其他各类型机组参照执行）。因此需要我们严格按照操作票操作，并做好记录。220kV 母线送电操作票见表 1－1－5。

表 1－1－5　220kV 母线送电操作票

操作任务：220kV 母线送电					
操作开始时间	年　月　日　时　分	操作结束时间	年　月　日　时　分		
顺序	危险因素预控项目				执行
1	对应设备名称和编号，防止误入带电间隔				

续表

顺序	操　作　项　目	执行
1	接值长令，将 220kV 母线送电	
2	合上隆 220 南隔离开关控制电源空气开关	
3	合上隆 220 南隔离开关直流电源空气开关	
4	合上隆 220 南隔离开关交流电源空气开关	
5	将隆 220 南隔离开关远方/就地转换开关切至“就地”位	
6	将隆 220 南隔离开关合闸	
7	将隆 220 南隔离开关远方/就地转换开关切至“远方”位	
8	合上隆 220 北隔离开关控制电源空气开关	
9	合上隆 220 北隔离开关直流电源空气开关	
10	合上隆 220 北隔离开关交流电源空气开关	
11	将隆 220 北隔离开关远方/就地转换开关切至“就地”位	
12	将隆 220 北隔离开关合闸	
13	将隆 220 北隔离开关远方/就地转换开关切至“远方”位	
14	合上隆 220 断路器控制电源空气开关	
15	合上隆 220 断路器直流电源空气开关	
16	合上隆 220 断路器交流电源空气开关	
17	将隆 220 断路器远方/就地转换开关切至“就地”位	
18	将隆 220 断路器合闸	
19	将隆 220 断路器远方/就地转换开关切至“远方”位	
20	操作完毕，汇报记录	
备注：		
操作人：　　　　值班负责人：　　　　值长：		

三、 相关知识

220kV 系统采用双母线接线方式。正常运行方式为双母线并列运行，母联断路器投入；特殊运行方式为：双母分裂运行：即两组母线均投入运行，母联断路器断开。单母线运行：即两组母线一组运行，另一组停电或备用。

1. 双母线接线方式的优点

（1）供电可靠。通过两组母线隔离开关的倒闸操作，可以轮流检修一组母线而不致使供电中断；一组母线故障后，能够迅速恢复供电；检修任意一段回路的母线隔离开关，只需停该回路。

（2）调度灵活。各个电源和各回路负荷可以任意分配到某一组母线上，能灵活的适应系统中各种运行方式和潮流变化的需要。

（3）扩建方便。向母线的左右任何一个方向扩建，均不影响两组母线的电源和负荷均匀分配，不会引起原有回路的停电。当双回架空线路时，可以顺序布置，以致连接不同母线段时，不会单母线分段那样导致出线交叉跨越。

（4）便于实验。当个别回路需要单独实验时，可将该回路分开，单独接至一组母线上进行实验。

2. 双母线接线方式的缺点

（1）增加一组母线后，每一回路就需要增加一组隔离开关。

（2）母线故障或者检修时，隔离开关作为操作电器，容易误操作。

（3）当母线故障，仍会短时停电。

（4）检修任一回路出线断路器，该回路停电。

四、完成任务

登录660MW超超临界机组（330MW亚临界机组、350MW超临界循环流化床机组、50MW循环流化床母管制机组）系统平台，严格按规范程序完成220kV母线送电的工作。

五、任务评价

根据工作任务完成情况，对照评价项目和技术标准规范，逐项评价，确定技能水平和改进要求。220kV母线送电评价表见表1-1-6。

表1-1-6　　220kV 母线送电评价表

内容		评价	
学习目标	评价项目	个人评价	教师评价
知识目标	简述220kV系统的主接线方式		
	简述220kV母线的运行方式		
	掌握220kV母线的送电操作		
技能目标	合上隆220南隔离开关控制电源空气开关		
	合上隆220南隔离开关直流电源空气开关		
	合上隆220南隔离开关交流电源空气开关		
	将隆220南隔离开关远方/就地转换开关切至“就地”位		
	将隆220南隔离开关合闸		
	将隆220南隔离开关远方/就地转换开关切至“远方”位		
	合上隆220北隔离开关控制电源空气开关		
	合上隆220北隔离开关直流电源空气开关		
	合上隆220北隔离开关交流电源空气开关		
	将隆220北隔离开关远方/就地转换开关切至“就地”位		
	将隆220北隔离开关合闸		
	将隆220北隔离开关远方/就地转换开关切至“远方”位		
	合上隆220断路器控制电源空气开关		
	合上隆220断路器直流电源空气开关		
	合上隆220断路器交流电源空气开关		
	将隆220断路器远方/就地转换开关切至“就地”位		

续表

内容		评价	
学习目标	评价项目	个人评价	教师评价
技能目标	将隆 220 断路器合闸		
	将隆 220 断路器远方/就地转换开关切至“远方”位		
素质目标	沟通能力		
	团队合作能力		
	方法创新能力		
	突发事件处理能力		
改进要求			

六、课后练习

（1）阐述 220kV 系统的主接线方式。

（2）阐述 220kV 母线的运行方式。

（3）利用仿真平台训练 220kV 母线送电的操作。

工作子任务四　高压备用变压器（或启动备用变压器）送电

为了保证厂用电供应的可靠，发电厂的厂用电源除了正常工作电源外，还设有备用电源（并兼做启动电源）。向正常工作电源供电的高压厂用电变压器简称高厂变，向备用（或启动）电源供电的变压器简称备用（或启动）变压器，下文中统一用高备变表示。

一、任务描述

高备变作为备用变压器，额定容量一般比主变压器的额定容量小。高备变的电源取自电力系统。高备变的容量应满足在机组并网后厂用电切换之前的最大负荷，保证各个设备的正常运行。操作任务是按照规定程序将高备变送电，检查高备变电压正常，保护无动作。

资源库 5_高备变送电

二、任务分析

这项任务需要按顺序进行高备变送电的操作（以 660MW 机组为例，其他各类型机组参照执行）。因此需要我们严格按照操作票操作，并做好记录。660MW 机组高备变送电操作票见表 1－1－7。

表 1－1－7　　660MW 机组高备变送电操作票

操作任务：高备变送电			
操作开始时间	年　月　日　时　分	操作结束时间	年　月　日　时　分

顺序	危险因素预控项目	执行
1	对应设备名称和编号，防止误入带电间隔	
顺序	操作项目	执行
1	接值长令，将高备变送电	

续表

顺序	操 作 项 目	执行
2	检查高备变检修工作已结束、工作票已收回，安全措施已拆除，检修人员已撤离	
3	测量高备变绝缘合格，具备送电条件	
4	将高备变保护A屏各保护连接片投入	
5	将高备变保护B屏各保护连接片投入	
6	合上高备1南（或者高备1北）隔离开关控制电源空气开关	
7	合上高备1南（或者高备1北）隔离开关直流电源空气开关	
8	合上高备1南（或者高备1北）隔离开关交流电源空气开关	
9	将高备1南隔离（或者高备1北）断路器远方/就地转换开关切至“就地”位	
10	就地将高备1南（或者高备1北）隔离开关合闸	
11	将高备1南（或者高备1北）隔离开关远方/就地转换开关切至“远方”位	
12	合上高备1断路器控制电源空气开关	
13	合上高备1断路器直流电源空气开关	
14	合上高备1断路器交流电源空气开关	
15	合上高备1开关储能电源开气开关	
16	将高备1断路器远方/就地转换开关切至“远方”位	
17	合上“有载调压就地控制柜”电机电源Q1	
18	合上“有载调压就地控制柜”主电源F2	
19	合上“有载调压就地控制柜”加热照明电源空气开关F1	
20	将“有载调压就地控制柜”远方/就地转换开关切至“远方”位	
21	远方将高备1断路器合闸	
22	检查并确认高备变充电正常，保护及电压、电流表显示正常	
23	操作完毕，汇报记录	
备注：		
操作人：	值班负责人： 值长：	

三、 相关知识

高备变通常采用分裂绕组变压器。铁芯采用高质量、低损耗的晶粒取向冷轧硅钢片，用先进方法迭装和紧固，使变压器铁芯不致因运输和运行的振动而松动。全部绕组采用铜导线，优先采用半硬铜导线。绕组有良好的冲击电压波分布，确保绕组内不发生局部放电；在使用中不宜采用加避雷器方式限制过电压；对绕组漏磁通进行了合理控制，避免了在绕组和其他金属构件上产生局部过热。

高备变调压方式为有载调压，即可在带负荷的情况下进行调节电压。

1. 有载调压工作原理

有载调压的主要工作原理如图1-1-2所示，假定变压器每相有三个分接头抽头1、2、3，负荷电流I原来由抽头1输出，如图1-1-2（a）所示。当需要将分接抽头从1调整到2时，必须在分接抽头1、2之间接入一个过渡电路，分接头调整完毕后即切除该过渡电路。通常是用一个阻抗（电阻或电抗）跨接在分接抽头 1 和分接抽头 2 之间，如图 1-1-2（b）所示，于是在阻抗中流过一环流 I_c，阻抗的作用就是限制电流 I_c的大小，避免在抽头 1、2 之间形成短路，因此又称为限流阻抗。

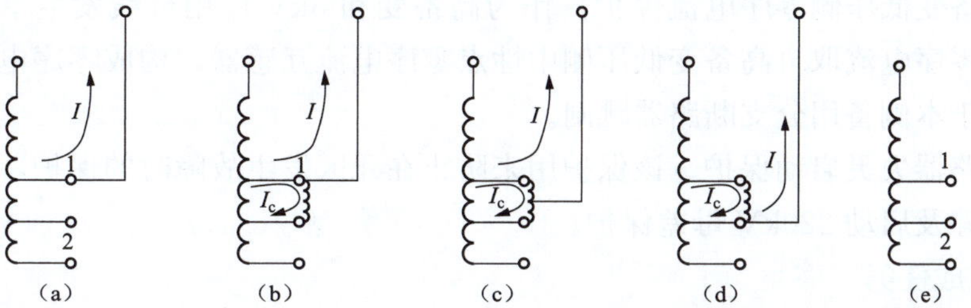

图 1-1-2　有载分接断路器的分接过程

（a）开始位置；（b）过渡的分接头接入限流阻抗；（c）动触头开始在阻抗上滑动；

（d）动触头已经滑动到需要的分接头；（e）过渡用的阻抗切换

阻抗的接入，好像在分接抽头 1 和 2 之间搭设了一座临时的“桥”，这时动触头可以在“桥”上滑动，如图 1-1-2（c）所示。于是负荷电流可以在分接头切换时继续通过桥输出，不需要停电，直至分接断路器的动触头到达位置 2 为止，如图 1-1-2（d）所示。当动触头到达分接抽头 2 时，搭接的阻抗已经失去作用，可以切除掉，如图 1-1-2（e）所示，切换过程结束，负荷电流从分接抽头 2 输出。

有载分接断路器附有在线滤油装置，断路器油箱中的油能在带电情况下进行处理。有载分接断路器油箱有单独的储油柜、呼吸器、压力释放装置和油流控制继电器等。驱动电机及其附件装于耐全天候的控制柜内。有载分接断路器能远距离操作，也可在变压器旁就地手动操作，并备有累计切换次数的动作记录器和分接位置指示器；有载分接断路器的机械寿命不少于 50 万次。有载分接断路器可根据设定自动调压，控制电路设有计算机接口。其控制可远方或者就地操作，就地设置远方/就地切换断路器；有载分接断路器控制箱内预留远方控制接口。

2. 高备变保护

高备变保护配置两面保护柜，其中第一面保护柜包含变压器第一套完整的电气量主、后备保护和非电气量保护；第二面保护柜内包含变压器的第二套完整的电气量主、后备保护。每套保护装置均配置完整的差动、后备保护及异常保护，能反映被保护设备的各种故障及异常运行状态。

每套装置的交流电压和交流电流分别取自电压互感器（符号为 TV，操作票中用 PT）和电流互感器（符号为 TA）互相独立的绕组，其保护范围交叉重叠，避免死区。

非电量保护为独立的装置，非电量保护设置独立的电源回路（包括直流小空气断路器及直流电源监视回路），出口跳闸回路完全独立，在保护柜上的安装位置也相对独立。

（1）高备变复压过流保护。保护为高备变相间故障的后备保护。保护由高备变低压侧各绕组的复合电压（低电压和负序电压）和 220kV 侧过电流构成，延时动作于高压侧及低压侧各备用分支断路器跳闸。

（2）高备变零序保护。作为高备变高压绕组及引出线单相接地保护的后备保护。保护接于高备变中性点引出线的电流互感器上，保护经延时动作于高压侧及低压侧各备用分支断路器跳闸。

（3）高备变低压侧零序电流保护。作为高备变和 6kV 厂用母线发生单相接地的保护。保护的零序电流取自高备变低压侧中性点零序电流互感器，构成零序电流保护。保护限时动作于本侧备用分支断路器跳闸。

（4）断路器失灵启动保护。该保护用来防止在死区发生故障时的保护，该保护动作于高备变全停及启动 220kV 母差保护。

四、 完成任务

登录 660MW 超超临界机组（330MW 亚临界机组、350MW 超临界循环流化床机组、50MW 循环流化床母管制机组）系统平台，严格按规范程序完成高备变的送电工作。

五、 任务评价

根据工作任务完成情况，对照评价项目和技术标准规范，逐项评价，确定技能水平和改进要求。高备变送电评价表见表 1－1－8。

表 1－1－8　　高备变送电评价表

内容		评价	
学习目标	评价项目	个人评价	教师评价
知识目标	阐述高备变的有载调压工作原理		
	阐述高备变的保护有哪些		
	掌握高备变送电操作		
技能目标	检查高备变检修工作已结束、工作票已收回，安全措施已拆除，检修人员已撤离		
	摇测高备变绝缘合格，具备送电条件		
	将高备变保护 A 屏各保护连接片投入		
	将高备变保护 B 屏各保护连接片投入		
	合上高备 1 南（或者高备 1 北）隔离开关控制电源空气开关		
	合上高备 1 南（或者高备 1 北）隔离开关直流电源空气开关		
	合上高备 1 南（或者高备 1 北）隔离开关交流电源空气开关		
	将高备 1 南隔离（或者高备 1 北）断路器远方/就地转换开关切至“就地”位		
	就地将高备 1 南（或者高备 1 北）隔离开关合闸		
	将高备 1 南（或者高备 1 北）隔离开关远方/就地转换开关切至“远方”位		
	合上高备 1 断路器控制电源空气开关		
	合上高备 1 断路器直流电源空气开关		
	合上高备 1 断路器交流电源空气开关		

续表

内容		评价	
学习目标	评价项目	个人评价	教师评价
技能目标	将高备1断路器远方/就地转换开关切至“远方”位		
	合上“有载调压就地控制柜”电机电源Q1		
	合上“有载调压就地控制柜”主电源F2		
	合上“有载调压就地控制柜”加热照明电源空气开关F1		
	将“有载调压就地控制柜”切至“远方”位		
	远方将高备1断路器合闸		
	检查并确认高备变充电正常，保护及电压、电流表显示正常		
素质目标	沟通能力		
	团队合作能力		
	方法创新能力		
	突发事件处理能力		
改进要求			

六、课后练习

（1）阐述高备变的有载调压工作原理。

（2）阐述高备变的保护有哪些？

（3）利用仿真平台训练高备变送电的操作。

工作子任务五　高压厂用电系统送电(以660MW机组6kV系统为例)

6kV高压厂用电系统除了向低压厂用电系统供电外，也为厂用高压电机提供电源，所以6kV系统的可靠运行至关重要。

一、任务描述

6kV系统包括厂用6kV IA段、厂用6kV IB段、输煤6kVA段和输煤6kV B段。将6kV各母线进线TV、母线TV投入运行状态，然后依次对6kV各母线送电。

资源库6_6kV系统送电

二、任务分析

这项任务需要按顺序进行6kV系统送电的操作（以660MW机组为例，其他各类型机组参照执行）。因此需要我们严格按照操作票操作，并做好记录。6kV系统送电操作票见表1-1-9。

表1-1-9　6kV系统送电操作票

操作任务：6kV系统送电			
操作开始时间	年　月　日　时　分	操作结束时间	年　月　日　时　分

顺序	危险因素预控项目	执行
1	对应设备名称和编号，防止误入带电间隔	

续表

顺序	操 作 项 目	执行
1	接值长令，将 6kV 系统送电	
2	合上 6kV 厂用 1A 段工作电源进线 TV6A103 保险	
3	合上 6kV 厂用 1A 段工作电源进线 TV6A103 装置电源空气开关	
4	合上 6kV 厂用 1A 段工作电源进线 TV6A103 交流电源空气开关	
5	检查 6kV 厂用 1A 段工作电源进线 TV6A103 工作正常	
6	合上 6kV 厂用 1A 段备用电源进线 TV6A105 保险	
7	合上 6kV 厂用 1A 段备用电源进线 TV6A105 装置电源空气开关	
8	合上 6kV 厂用 1A 段备用电源进线 TV6A105 交流电源空气开关	
9	检查 6kV 厂用 1A 段备用电源进线 TV6A105 工作正常	
10	合上 6kV 厂用 1A 段母线 TV6A101 保险	
11	合上 6kV 厂用 1A 段母线 TV6A101 装置电源空气开关	
12	合上 6kV 厂用 1A 段母线 TV6A101 交流电源空气开关	
13	检查 6kV 厂用 1A 段母线 TV6A101 工作正常	
14	将 6kV 1A 段母线备用分支断路器 6A104 打到就地位	
15	合上 6kV 1A 段母线备用分支断路器 6A104 二次插头	
16	合上 6kV 1A 段母线备用分支断路器 6A104 内电源空气开关	
17	将 6kV 1A 段母线备用分支断路器 6A104 手车摇到工作位	
18	投入 6kV 1A 段母线备用分支断路器 6A104 “厂变 A 保护跳闸” 和 “厂变 B 保护跳闸” 连接片	
19	将 6kV 1A 段母线备用分支断路器 6A104 切至 “远方” 位	
20	远方将 6kV 1A 备用电源 6A104 合闸	
21	检查 6kV 1A 母线线电压在 6.3kV 左右，电压正常	
22	合上 6kV 厂用 1B 段工作电源进线 TV6B103 保险	
23	合上 6kV 厂用 1B 段工作电源进线 TV6B103 装置电源空气开关	
24	合上 6kV 厂用 1B 段工作电源进线 TV6B103 交流电源空气开关	
25	检查 6kV 厂用 1B 段工作电源进线 TV6B103 工作正常	
26	合上 6kV 厂用 1B 段备用电源进线 TV6B105 保险	
27	合上 6kV 厂用 1B 段备用电源进线 TV6B105 装置电源空气开关	
28	合上 6kV 厂用 1B 段备用电源进线 TV6B105 交流电源空气开关	
29	检查 6kV 厂用 1B 段备用电源进线 TV6B105 工作正常	
30	合上 6kV 厂用 1B 段母线 TV6B101 保险	
31	合上 6kV 厂用 1B 段母线 TV6B101 装置电源空气开关	
32	合上 6kV 厂用 1B 段母线 TV6B101 交流电源空气开关	
33	检查 6kV 厂用 1B 段母线 TV6B101 工作正常	
34	将 6kV 1B 段母线备用分支断路器 6B104 切至 “就地” 位	
35	合上 6kV 1B 段母线备用分支断路器 6B104 二次插头	

续表

顺序	操 作 项 目	执行
36	合上 6kV 1B 段母线备用分支断路器 6B104 内电源空气开关	
37	将 6kV 1B 段母线备用分支断路器 6B104 小车摇到工作位	
38	投入 6kV 1B 段母线备用分支断路器 6B104 “厂变 A 保护跳闸”和“厂变 B 保护跳闸”连接片	
39	将 6kV 1B 段母线备用分支断路器 6B104 切至“远方”位	
40	远方将 6kV 1B 备用电源 6B104 合闸	
41	检查 6kV 1B 母线线电压在 6.3kV 左右，电压正常	
42	将输煤 6kVA 段馈线断路器 6A116 切至“就地”位	
43	合上输煤 6kVA 段馈线断路器 6A116 二次插头	
44	合上输煤 6kVA 段馈线断路器 6A116 内电源空气开关	
45	将输煤 6kVA 段馈线断路器 6A116 手车摇到工作位	
46	投入输煤 6kVA 段馈线断路器 6A116 保护跳闸连接片	
47	将输煤 6kVA 段馈线断路器 6A116 切至“远方”位	
48	合上输煤 6kVA 段进线 1 断路器 6SA01 二次插头	
49	合上输煤 6kVA 段进线 1 断路器 6SA01 内电源空气开关	
50	合上输煤 6kVA 段进线 1 断路器 6SA01 手车摇到工作位	
51	合上输煤 6kVA 段进线 1 断路器 6SA01 保护跳闸连接片	
52	合上输煤 6kVA 段进线 1 断路器 6SA01 切至“远方”位	
53	远方将输煤 6kVA 段馈线断路器 6A116 合闸	
54	远方将输煤 6kVA 段进线 1 断路器 6SA01 合闸	
55	检查 6kV 输煤 A 段母线线电压在 6.3kV 左右，电压正常	
56	将输煤 6kV B 段馈线断路器 6B118 切至“就地”位	
57	合上输煤 6kV B 段馈线断路器 6B118 二次插头	
58	合上输煤 6kV B 段馈线断路器 6B118 内电源空气开关	
59	将输煤 6kV B 段馈线断路器 66B118 手车摇到工作位	
60	投入输煤 6kV B 段馈线断路器 66B118 保护跳闸连接片	
61	将输煤 6kV B 段馈线断路器 66B118 切至“远方”位	
62	合上输煤 6kV B 段进线 1 断路器 6SB01 二次插头	
63	合上输煤 6kV B 段进线 1 断路器 6SB01 内电源空气开关	
64	合上输煤 6kV B 段进线 1 断路器 6SB01 手车摇到工作位	
65	合上输煤 6kV B 段进线 1 断路器 6SB01 保护跳闸连接片	
66	合上输煤 6kV B 段进线 1 断路器 6SB01 切至“远方”位	
67	远方将输煤 6kV B 段馈线断路器 6B118 合闸	
68	远方将输煤 6kV B 段进线 1 断路器 6SB01 合闸	
69	检查 6kV 输煤 B 段母线线电压在 6.3kV 左右，电压正常	
70	操作完毕，汇报记录	
备注		
操作人：	值班负责人：	值长：

注　厂用变压器简称厂变。

三、相关知识

6kV厂用断路器柜采用金属铠装全隔离手车中置式真空ABB－VD4/CX型断路器和金属铠装全隔离手车ABB－VSC/P型F－C真空接触器。VD4型和VSC型都采用弹簧储能、自动脱扣模块化操作机构，具有完善的机械闭锁和电气闭锁。容量为1000kW以上电机和1250kVA以上的厂用变压器采用ABB－VD4/CX型真空断路器，其余采用ABB－VSC/P型F－C真空接触器。

1. 断路器柜防误机械闭锁装置

（1）防带负荷抽出手车（拉隔离开关）：真空断路器（接触器）合闸时，手车不能移动。

（2）断路器和接地断路器均在分闸位置时，手车才能从断开/试验位置移动到工作位置，后封板不能打开。

（3）接地断路器在合闸位置时，手车不能从断开/试验位置移动到工作位置，后封板可以打开，后封板打开时，接地断路器不能分闸。

（4）手车只有在检修/试验位置或在柜外时，接地断路器才能合闸。

（5）手车只有在检修/试验位置或工作位置时，断路器才能进行分闸、合闸操作。

（6）手车在工作位置时，二次插头被锁定，不能拔出。

（7）手车在工作位置时，断路器柜门不能打开。

2. 倒闸操作规定

（1）拉、合隔离开关及推拉手车断路器前，必须检查断路器确在断开位置。严禁带负荷拉、合隔离开关。若隔离开关已误合，则在断路器未断开前不允许再拉开。拉开隔离开关时，开始应谨慎缓慢进行，若发现异常电弧，应立即合上。

（2）手车断路器停电时，检查断路器在断开位置，先将手车断路器摇至检修位置，再断开控制电源。手车断路器送电时，检查断路器在断开位置，先合上控制电源，再将手车断路器摇至工作位置。

（3）厂用电母线送电前，检查各馈线回路的断路器确在断开位置，电压互感器应投入运行。厂用电母线送电后，必须检查母线三相电压正常后，方允许对各供电回路送电。

（4）厂用电母线停电之前，应先检查母线上的各负荷断路器已在检修位置，对带快切装置或备自投装置的母线还应退出快切装置或备自投装置。在断开电源进线断路器后，检查母线电压表三相确无电压后，才能退出电压互感器。

（5）厂用变压器投入运行时，应先合电源侧断路器，检查变压器充电正常后，再合负荷侧断路器。变压器停电操作顺序与此相反。厂用变压器禁止从负荷侧向电源侧反充电。

（6）正常情况下，禁止使用MCC进线隔离开关切断负荷。装有切换装置的MCC可带负荷进行电源切换，切换前应做好负荷跳闸的事故预想。

四、完成任务

登录660MW超超临界机组（330MW亚临界机组、350MW超临界循环流化床机组、50MW循环流化床母管制机组）系统平台，严格按规范程序完成6kV系统送电的工作。

五、任务评价

根据工作任务完成情况，对照评价项目和技术标准规范，逐项评价，确定技能水平和改进要求。6kV 系统送电评价表见表 1-1-10。

表 1-1-10 6kV 系统送电评价表

内容		评价	
学习目标	评价项目	个人评价	教师评价
知识目标	画出 6kV 系统图		
	简述倒闸操作规定		
	简述 6kV 系统送电步骤		
	掌握 6kV 母线送电操作		
技能目标	合上 6kV 厂用 1A 段工作电源进线 TV6A103 熔断器		
	合上 6kV 厂用 1A 段工作电源进线 TV6A103 装置电源空气开关		
	合上 6kV 厂用 1A 段工作电源进线 TV6A103 交流电源空气开关		
	检查 6kV 厂用 1A 段工作电源进线 TV6A103 工作正常		
	合上 6kV 厂用 1A 段备用电源进线 TV6A105 熔断器		
	合上 6kV 厂用 1A 段备用电源进线 TV6A105 装置电源空气开关		
	合上 6kV 厂用 1A 段备用电源进线 TV6A105 交流电源空气开关		
	检查 6kV 厂用 1A 段备用电源进线 TV6A105 工作正常		
	合上 6kV 厂用 1A 段母线 TV6A101 熔断器		
	合上 6kV 厂用 1A 段母线 TV6A101 装置电源空气开关		
	合上 6kV 厂用 1A 段母线 TV6A101 交流电源空气开关		
	检查 6kV 厂用 1A 段母线 TV6A101 工作正常		
	将 6kV 1A 段母线备用分支断路器 6A104 切至“就地”位		
	合上 6kV 1A 段母线备用分支断路器 6A104 二次插头		
	合上 6kV 1A 段母线备用分支断路器 6A104 内电源空气开关		
	将 6kV 1A 段母线备用分支断路器 6A104 手车摇到工作位		
	投入 6kV 1A 段母线备用分支断路器 6A104“厂变 A 保护跳闸”和“厂变 B 保护跳闸”连接片		
	将 6kV 1A 段母线备用分支断路器 6A104 切至“远方”位		
	远方将 6kV 1A 备用电源 6A104 合闸		
	检查 6kV 1A 母线线电压在 6.3kV 左右，电压正常		
	合上 6kV 厂用 1B 段工作电源进线 TV6B103 熔断器		
	合上 6kV 厂用 1B 段工作电源进线 TV6B103 装置电源空气开关		
	合上 6kV 厂用 1B 段工作电源进线 TV6B103 交流电源空气开关		
	检查 6kV 厂用 1B 段工作电源进线 TV6B103 工作正常		
	合上 6kV 厂用 1B 段备用电源进线 TV6B105 熔断器		
	合上 6kV 厂用 1B 段备用电源进线 TV6B105 装置电源空气开关		

续表

内容		评价	
学习目标	评价项目	个人评价	教师评价
技能目标	合上 6kV 厂用 1B 段备用电源进线 TV6B105 交流电源空气开关		
	检查 6kV 厂用 1B 段备用电源进线 TV6B105 工作正常		
	合上 6kV 厂用 1B 段母线 TV6B101 熔断器		
	合上 6kV 厂用 1B 段母线 TV6B101 装置电源空气开关		
	合上 6kV 厂用 1B 段母线 TV6B101 交流电源空气开关		
	检查 6kV 厂用 1B 段母线 TV6B101 工作正常		
	将 6kV 1B 段母线备用分支断路器 6B104 切至“就地”位		
	合上 6kV 1B 段母线备用分支断路器 6B104 二次插头		
	合上 6kV 1B 段母线备用分支断路器 6B104 内电源空气开关		
	将 6kV 1B 段母线备用分支断路器 6B104 手车摇到工作位		
	投入 6kV 1B 段母线备用分支断路器 6B104“厂变 A 保护跳闸”和“厂变 B 保护跳闸”连接片		
	将 6kV 1B 段母线备用分支断路器 6B104 切至“远方”位		
	远方将 6kV 1B 备用电源 6B104 合闸		
	检查 6kV 1B 母线线电压在 6.3kV 左右，电压正常		
	将输煤 6kVA 段馈线断路器 6A116 切至“就地”位		
	合上输煤 6kVA 段馈线断路器 6A116 二次插头		
	合上输煤 6kVA 段馈线断路器 6A116 内电源空气开关		
	将输煤 6kVA 段馈线断路器 6A116 手车摇到工作位		
	投入输煤 6kVA 段馈线断路器 6A116 保护跳闸连接片		
	将输煤 6kVA 段馈线断路器 6A116 切至“远方”位		
	合上输煤 6kVA 段进线 1 断路器 6SA01 二次插头		
	合上输煤 6kVA 段进线 1 断路器 6SA01 内电源空气开关		
	合上输煤 6kVA 段进线 1 断路器 6SA01 手车摇到工作位		
	合上输煤 6kVA 段进线 1 断路器 6SA01 保护跳闸连接片		
	合上输煤 6kVA 段进线 1 断路器 6SA01 切至“远方”位		
	远方将输煤 6kVA 段馈线断路器 6A116 合闸		
	远方将输煤 6kVA 段进线 1 断路器 6SA01 合闸		
	检查 6kV 输煤 A 段母线线电压在 6.3kV 左右，电压正常		
	将输煤 6kV B 段馈线断路器 6B118 切至“就地”位		
	合上输煤 6kV B 段馈线断路器 6B118 二次插头		
	合上输煤 6kV B 段馈线断路器 6B118 内电源空气开关		
	将输煤 6kV B 段馈线断路器 66B118 小车摇到工作位		
	投入输煤 6kV B 段馈线断路器 66B118 保护跳闸连接片		
	将输煤 6kV B 段馈线断路器 66B118 切至“远方”位		

续表

内容		评价	
学习目标	评价项目	个人评价	教师评价
技能目标	合上输煤 6kV B 段进线 1 断路器 6SB01 二次插头		
	合上输煤 6kV B 段进线 1 断路器 6SB01 内电源空气开关		
	合上输煤 6kV B 段进线 1 断路器 6SB01 手车摇到工作位		
	合上输煤 6kV B 段进线 1 断路器 6SB01 保护跳闸连接片		
	合上输煤 6kV B 段进线 1 断路器 6SB01 切至“远方”位		
	远方将输煤 6kV B 段馈线断路器 6B118 合闸		
	远方将输煤 6kV B 段进线 1 断路器 6SB01 合闸		
	检查 6kV 输煤 B 段母线线电压在 6.3kV 左右，电压正常		
素质目标	沟通能力		
	团队合作能力		
	方法创新能力		
	突发事件处理能力		
改进要求			

六、课后练习

（1）画出 6kV 系统图。

（2）简述倒闸操作规定。

（3）简述 6kV 系统送电步骤。

（4）利用仿真平台训练 6kV 系统送电的操作。

工作子任务六　380V 系统送电

380V 系统包括 380V PC 段和 380V MCC 段，分布在各个低压配电室。

一、任务描述

检查 380V 系统具备送电条件，按照高压侧到低压侧顺序，从 6kV 母线到厂用变压器，再到 380V PC 段，最后到 380V MCC 段，依次送电。

资源库 7_锅炉 PC 1A 段送电　　资源库 8_汽轮机 PC 1A 段送电　　资源库 9_公用 PC 1A 段送电

二、任务分析

这项任务需要按顺序进行 380V 系统送电的操作（以 660MW 机组为例，其他各类型机组参照执行）。因此需要我们严格按照操作票操作，并做好记录。380V 系统送电操作票见表 1-1-11。

表 1－1－11　　380V 系统送电操作票

操作任务：380V 系统送电		
操作开始时间	年　月　日　时　分	操作结束时间　年　月　日　时　分
顺序	危险因素预控项目	执行
1	对应设备名称和编号，防止误入带电间隔	
顺序	操　作　项　目	执行
1	接值长令，将 380V 系统送电	
2	将锅炉 PC－1A 段母线 TV4LA102 切至工作位	
3	将 1A 锅炉变高压侧刀开关 6A115 切至热备用状态，远方/就地转换开关切至“远方”位	
4	将 1A 锅炉变低压侧刀开关 4LA101 切至热备用状态，远方/就地转换开关切至“远方”位	
5	远方合上 1A 锅炉变高压侧刀开关 6A115	
6	远方合上 1A 锅炉变低压侧刀开关 4LA101	
7	检查锅炉 PC－1A 段母线电压在 400V 左右，电压正常	
8	将锅炉 PC－1A 段各负荷送电	
9	将锅炉 PC－1B 段母线 TV4LB102 切至工作位	
10	将 1B 锅炉变高压侧刀开关 6B115 切至热备用状态，远方/就地转换开关切至“远方”位	
11	将 1B 锅炉变低压侧刀开关 4LB101 切至热备用状态，远方/就地转换开关切至“远方”位	
12	远方合上 1B 锅炉变高压侧刀开关 6B115	
13	远方合上 1B 锅炉变低压侧刀开关 4LB101	
14	检查锅炉 PC－1B 段母线电压在 400V 左右，电压正常	
15	将锅炉 PC－1B 段各负荷送电	
16	将除尘 PC－1A 段母线 TV4CA102 切至工作位	
17	将 1A 除尘变高压侧刀开关 6A132 切至热备用状态，远方/就地转换开关切至“远方”位	
18	将 1A 除尘变低压侧刀开关 4CA101 切至热备用状态，远方/就地转换开关切至“远方”位	
19	远方合上 1A 除尘变高压侧刀开关 6A132	
20	远方合上 1A 除尘变低压侧刀开关 4CA101	
21	检查除尘 PC－1A 段母线电压在 400V 左右，电压正常	
22	将除尘 PC－1A 段各负荷送电	
23	将除尘 PC－1B 段母线 TV4CB102 切至工作位	
24	将 1B 除尘变高压侧刀开关 6B132 切至热备用状态，远方/就地转换开关切至“远方”位	
25	将 1B 除尘变低压侧刀开关 4CB101 切至热备用状态，远方/就地转换开关切至“远方”位	
26	远方合上 1B 除尘变高压侧刀开关 6B132	
27	远方合上 1B 除尘变低压侧刀开关 4CB101	
28	检查除尘 PC－1B 段母线电压在 400V 左右，电压正常	
29	将除尘 PC－1B 段各负荷送电	
30	将汽轮机 PC－1A 段母线 TV4BA102 切至工作位	
31	将 1A 汽轮机变高压侧开关 6A114 切至热备用状态，远方/就地转换开关切至“远方”位	
32	将 1A 汽轮机变低压侧开关 4JA101 切至热备用状态，远方/就地转换开关切至“远方”位	

续表

顺序	操作项目	执行
33	远方合上 1A 汽轮机变高压侧开关 6A114	
34	远方合上 1A 汽轮机变低压侧开关 4JA101	
35	检查汽轮机 PC－1A 段母线电压在 400V 左右，电压正常	
36	将汽轮机 PC－1A 段各负荷送电	
37	将汽轮机 PC－1B 段母线 TV4JB102 切至工作位	
38	将 1B 汽轮机变高压侧开关 6B114 切至热备用状态，远方/就地转换开关切至“远方”位	
39	将 1B 汽轮机变低压侧开关 4JB101 打到热备用状态，远方/就地转换开关切至“远方”位	
40	远方合上 1B 汽轮机变高压侧开关 6B114	
41	远方合上 1B 汽轮机变低压侧开关 4JB101	
42	检查汽轮机 PC－1B 段母线电压在 400V 左右，电压正常	
43	将汽轮机 PC－1B 段各负荷送电	
44	将公用 PC－1A 段母线 TV4GA02 切至工作位	
45	将 1A 公用变高压侧开关 6B116 切至热备用状态，远方/就地转换开关切至“远方”位	
46	将 1A 公用变低压侧开关 4GA01 切至热备用状态，远方/就地转换开关切至“远方”位	
47	远方合上 1A 公用变高压侧开关 6B116	
48	远方合上 1A 公用变低压侧开关 4GA01	
49	检查公用 PC－1A 段母线电压在 400V 左右，电压正常	
50	将公用 PC－1A 段各负荷送电	
51	将公用 PC－1B 段母线 TV4GB02 切至工作位	
52	将 1B 公用变高压侧开关 6B215 打到热备用状态，远方/就地转换开关切至“远方”位	
53	将 1B 公用变低压侧开关 4GB01 打到热备用状态，远方/就地转换开关切至“远方”位	
54	远方合上 1B 公用变高压侧开关 6B215	
55	远方合上 1B 公用变低压侧开关 4GB01	
56	检查公用 PC－1B 段母线电压在 400V 左右，电压正常	
57	将公用 PC－1B 段各负荷送电	
58	将保安 A 段母线 TV4BA102 切至工作位	
59	将保安 A 段馈线 1 开关 4LA103 切至热备用状态，远方/就地转换开关切至“远方”位	
60	将保安 A 段工作进线 1 开关 4BA101 切至热备用状态，合上开关所有保护连接片，远方/就地转换开关切至“远方”位	
61	将保安 A 段馈线 2 开关 4LB103 切至热备用状态，远方/就地转换开关切至“远方”位	
62	将保安 A 段工作进线 2 开关 4BA103 切至热备用状态，合上开关所有保护连接片，远方/就地转换开关切至“远方”位	
63	远方合上保安 A 段馈线 1 开关 4LA103	
64	远方合上保安 A 段工作进线 1 开关 4BA101	
65	检查保安 A 段母线电压在 400V 左右，电压正常	
66	将保安 A 段各负荷送电	

续表

顺序	操 作 项 目	执行
67	将保安B段母线TV4BB102切至工作位	
68	将保安B段馈线2开关4LA104切至热备用状态，远方/就地转换开关切至“远方”位	
69	将保安B段工作进线2开关4BB103切至热备用状态，合上开关所有保护连接片，远方/就地转换开关切至“远方”位	
70	将保安B段馈线1开关4LB104切至热备用状态，远方/就地转换开关切至“远方”位	
71	将保安B段工作进线1开关4BB101切至热备用状态，合上开关所有保护连接片，远方/就地转换开关切至“远方”位	
72	将柴油机A分支开关4BA104切至热备用状态，合上开关所有保护连接片，远方/就地转换开关切至“远方”位	
73	将柴油机B分支开关4BB104切至热备用状态，合上开关所有保护连接片，远方/就地转换开关切至“远方”位	
74	将柴油发电机控制柜所有开关切至“自动”位	
75	远方合上保安B段馈线1开关4LB104	
76	远方合上保安B段工作进线1开关4BB101	
77	检查保安B段母线电压在400V左右，电压正常	
78	将保安B段各负荷送电	
79	投入柴油发电机连锁开关（DCS锅炉/保安）	
80	将除灰PCⅠ段母线TV4CHA02切至工作位	
81	将1号除灰变高压侧开关6SA12切至热备用状态，远方/就地转换开关切至“远方”位	
82	将1号除灰变低压侧开关4CHA01切至热备用状态，远方/就地转换开关切至“远方”位	
83	远方合上1号除灰变高压侧开关6SA12	
84	远方合上1号除灰变低压侧开关4CHA01	
85	检查除灰PCⅠ段母线电压在400V左右，电压正常	
86	将除灰PCⅠ段各负荷送电	
87	将除灰PCⅡ段母线TV4CHB02切至工作位	
88	将2号除灰变高压侧开关6SB12切至热备用状态，远方/就地转换开关切至“远方”位	
89	将2号除灰变低压侧开关4CHB01切至热备用状态，远方/就地转换开关切至“远方”位	
90	远方合上2号除灰变高压侧开关6SB12	
91	远方合上2号除灰变低压侧开关4CHB01	
92	检查除灰PCⅡ段母线电压在400V左右，电压正常	
93	将除灰PCⅡ段各负荷送电	
94	同理：对翻车机PCⅠ段母线送电和翻车机PCⅡ段母线送电	
95	同理：输煤PCⅠ段和输煤PCⅡ段送电	
96	对380V各MCC送电，并对MCC各负荷送电	
97	合上1号机主机房220V高频开关柜电源Ⅰ4BA133	
98	合上1号机主机房220V高频开关柜电源Ⅱ4BA139	
99	检查220V直流系统充电屏输出电压正常	

续表

顺序	操　作　项　目	执行
100	合上交流充电机切换 1QF3 开关	
101	检查 220V 直流系统备用充电屏输出电压正常	
102	合上公用交流充电机切换 3QF3 开关	
103	检查 110V 直流系统 1 号充电屏输出电压正常	
104	合上交流充电机切换 1QF3 开关	
105	检查 110V 直流系统 2 号充电屏输出电压正常	
106	合上公用交流充电机切换 3QF3 开关	
107	检查 110V 直流系统 3 号充电屏输出电压正常	
108	合上公用交流充电机切换 2QF3 开关	
109	检查 PC1A 段电压、检查 PC 1B 段电压正常	
110	打开 UPS 主机 A 柜，合上主电源开关、自动旁路开关	
111	检查 UPS 主机 A 柜由直流电源切换到主电源运行	
112	打开 UPS 主机 B 柜，合上主电源开关、自动旁路开关	
113	检查 UPS 主机 B 柜由直流电源切换到主电源运行	
114	打开 UPS 旁路柜，合上手动旁路开关，输出指示灯亮	
115	打开启备变冷却器就地控制柜，检查没有故障指示灯亮	
116	冷却器自动投入切至工作位	
117	控制转换开关切至“自动”位	
118	远方/就地转换开关切至“远方”位置	
119	除潮通风开关切至“自动”位	
120	操作完毕，汇报记录	
备注：		
操作人：	值班负责人：	值长：

三、 相关知识

电源进线柜、母线联络柜及 MCC 馈线柜：采用智能型框架断路器或塑壳断路器。

电动机馈线柜：采用塑壳断路器＋接触器＋马达控制器。就地控制的电动机采用热继电器。

配电馈线柜：采用智能型框架断路器或塑壳断路器。

380V 断路器的分合闸是以储能弹簧电动操作机构来实现的，断路器的操作有手动操作和电动操作两种。

手动操作（手动储能）是将断路器中间的操作手柄拉下并上下扳动，扳动力由大到小，当听到“当”响声时，储能指示由 OFF 变为 ON，表示储能完毕，此时断路器处于分闸状态。按下合闸按钮，合闸弹簧动作断路器即会合闸，此时分闸弹簧处于储能状态。

电动操作（电动储能）与手动操作不同之处是断路器储能不通过手柄动作，而是由机构内的电机完成，当断路器处于分闸状态时，电机将会自动储能。

四、 完成任务

登录660MW超超临界机组（330MW亚临界机组、350MW超临界循环流化床机组、50MW循环流化床母管制机组）系统平台，严格按规范程序完成380V系统送电的启动工作。

五、 任务评价

根据工作任务完成情况，对照评价项目和技术标准规范，逐项评价，确定技能水平和改进要求。380V系统送电评价表见表1-1-12。

表1-1-12　　380V系统送电评价表

内容		评价	
学习目标	评价项目	个人评价	教师评价
知识目标	画出380V系统图		
	掌握380系统停送电操作		
技能目标	将锅炉PC-1A段母线TV4LA102切至工作位		
	将1A锅炉变高压侧开关6A115切至热备用状态，远方/就地转换开关切至“远方”位		
	将1A锅炉变低压侧开关4LA101切至热备用状态，远方/就地转换开关切至“远方”位		
	远方合上1A锅炉变高压侧开关6A115		
	远方合上1A锅炉变低压侧开关4LA101		
	检查锅炉PC-1A段母线电压在400V左右，电压正常		
	将锅炉PC-1A段各负荷送电		
	将锅炉PC-1B段母线TV4LB102切至工作位		
	将1B锅炉变高压侧开关6B115切至热备用状态，远方/就地转换开关切至“远方”位		
	将1B锅炉变低压侧开关4LB101切至热备用状态，远方/就地转换开关切至“远方”位		
	远方合上1B锅炉变高压侧开关6B115		
	远方合上1B锅炉变低压侧开关4LB101		
	检查锅炉PC-1B段母线电压在400V左右，电压正常		
	将锅炉PC-1B段各负荷送电		
	将除尘PC-1A段母线TV4CA102切至工作位		
	将1A除尘变高压侧开关6A132切至热备用状态，远方/就地转换开关切至“远方”位		
	将1A除尘变低压侧断路器4CA101切至热备用状态，远方/就地转换开关切至“远方”位		
	远方合上1A除尘变高压侧开关6A132		
	远方合上1A除尘变低压侧开关4CA101		
	检查除尘PC-1A段母线电压在400V左右，电压正常		

续表

内　容		评　价	
学习目标	评　价　项　目	个人评价	教师评价
技能目标	将除尘 PC－1A 段各负荷送电		
	将除尘 PC－1B 段母线 TV4CB102 切至工作位		
	将 1B 除尘变高压侧断路器 6B132 切至热备用状态，远方/就地转换开关切至“远方”位		
	将 1B 除尘变低压侧断路器 4CB101 切至热备用状态，远方/就地转换开关切至“远方”位		
	远方合上 1B 除尘变高压侧开关 6B132		
	远方合上 1B 除尘变低压侧开关 4CB101		
	检查除尘 PC－1B 段母线电压在 400V 左右，电压正常		
	将除尘 PC－1B 段各负荷送电		
	将汽轮机 PC－1A 段母线 TV4BA102 切至工作位		
	将 1A 汽轮机变高压侧开关 6A114 切至热备用状态，远方/就地转换开关切至“远方”位		
	将 1A 汽轮机变低压侧断路器 4JA101 切至热备用状态，远方/就地转换开关切至“远方”位		
	远方合上 1A 汽轮机变高压侧开关 6A114		
	远方合上 1A 汽轮机变低压侧开关 4JA101		
	检查汽轮机 PC－1A 段母线电压在 400V 左右，电压正常		
	将汽轮机 PC－1A 段各负荷送电		
	将汽轮机 PC－1B 段母线 TV4JB102 切至工作位		
	将 1B 汽轮机变高压侧开关 6B114 切至热备用状态，远方/就地转换开关切至“远方”位		
	将 1B 汽轮机变低压侧断路器 4JB101 切至热备用状态，远方/就地转换开关切至“远方”位		
	远方合上 1B 汽轮机变高压侧开关 6B114		
	远方合上 1B 汽轮机变低压侧开关 4JB101		
	检查汽轮机 PC－1B 段母线电压在 400V 左右，电压正常		
	将汽轮机 PC－1B 段各负荷送电		
	将公用 PC－1A 段母线 TV4GA02 切至工作位		
	将 1A 公用变高压侧开关 6B116 切至热备用状态，远方/就地转换开关切至“远方”位		
	将 1A 公用变低压侧开关 4GA01 切至热备用状态，远方/就地转换开关切至“远方”位		
	远方合上 1A 公用变高压侧开关 6B116		
	远方合上 1A 公用变低压侧开关 4GA01		
	检查公用 PC－1A 段母线电压在 400V 左右，电压正常		
	将公用 PC－1A 段各负荷送电		

续表

内　　容		评　　价	
学习目标	评　价　项　目	个人评价	教师评价
技能目标	将公用 PC－1B 段母线 TV4GB02 切至工作位		
	将 1B 公用变高压侧开关 6B215 切至热备用状态，远方/就地转换开关切至“远方”位		
	将 1B 公用变低压侧断路器 4GB01 切至热备用状态，远方/就地转换开关切至“远方”位		
	远方合上 1B 公用变高压侧开关 6B215		
	远方合上 1B 公用变低压侧开关 4GB01		
	检查公用 PC－1B 段母线电压在 400V 左右，电压正常		
	将公用 PC－1B 段各负荷送电		
	将保安 A 段母线 TV4BA102 切至工作位		
	将保安 A 段馈线 1 断路器 4LA103 切至热备用状态，远方/就地转换开关切至“远方”位		
	将保安 A 段工作进线 1 断路器 4BA101 切至热备用状态，合上所有开关保护连接片，远方就地转换开关切至“远方”位		
	将保安 A 段馈线 2 断路器 4LA104 切至热备用状态，远方/就地转换开关切至“远方”位		
	将保安 A 段工作进线 2 断路器 4BA103 切至热备用状态，合上所有开关保护连接片，远方就地转换开关切至“远方”位		
	远方合上保安 A 段馈线 1 断路器 4LA103		
	远方合上保安 A 段工作进线 1 开关 4BA101		
	检查保安 A 段母线电压在 400V 左右，电压正常		
	将保安 A 段各负荷送电		
	将保安 B 段母线 TV4BB102 切至工作位		
	将保安 B 段馈线 2 开关 4LA104 切至热备用状态，远方/就地转换开关切至“远方”位		
	将保安 B 段工作进线 2 开关 4BB103 切至热备用状态，合上所有开关保护连接片，远方就地转换开关切至“远方”位		
	将保安 B 段馈线 1 断路器 4LB103 切至热备用状态，远方/就地转换开关切至“远方”位		
	将保安 B 段工作进线 1 开关 4BB101 切至热备用状态，合上所有开关保护连接片，远方就地转换开关切至“远方”位		
	将柴油机 A 分支断路器 4BA104 切至热备用状态，合上所有开关保护连接片，远方/就地转换开关切至“远方”位		
	将柴油机 B 分支断路器 4BB104 切至热备用状态，合上所有开关保护连接片，远方/就地转换开关切至“远方”位		
	将柴油发电机控制柜所有开关切至自动位		
	远方合上保安 B 段馈线 1 开关 4LB104		
	远方合上保安 B 段工作进线 1 开关 4BB101		

续表

内容		评价	
学习目标	评价项目	个人评价	教师评价
技能目标	检查保安 B 段母线电压在 400V 左右，电压正常		
	将保安 B 段各负荷送电		
	投入柴发连锁开关		
	将除灰 PCⅠ段母线 TV4CHA02 切至工作位		
	将 1 号除灰变高压侧开关 6SA12 切至热备用状态，远方/就地转换开关切至“远方”位		
	将 1 号除灰变低压侧开关 4CHA01 切至热备用状态，远方/就地转换开关切至“远方”位		
	远方合上 1 号除灰变高压侧开关 6SA12		
	远方合上 1 号除灰变低压侧开关 4CHA01		
	检查除灰 PCⅠ段母线电压在 400V 左右，电压正常		
	将除灰 PCⅠ段各负荷送电		
	将除灰 PCⅡ段母线 TV4CHB02 切至工作位		
	将 2 号除灰变高压侧开关 6SB12 切至热备用状态，远方/就地转换开关切至“远方”位		
	将 2 号除灰变低压侧开关 4CHB01 切至热备用状态，远方/就地转换开关切至“远方”位		
	远方合上 2 号除灰变高压侧开关 6SB12		
	远方合上 2 号除灰变低压侧开关 4CHB01		
	检查除灰 PCⅡ段母线电压在 400V 左右，电压正常		
	将除灰 PCⅡ段各负荷送电		
	同理：对翻车机 PC Ⅰ段母线送电和翻车机 PC Ⅱ段母线送电		
	同理：输煤 PCⅠ段和输煤 PCⅡ段送电		
	对 380V 各 MCC 送电，并对 MCC 各负荷送电		
	检查 220V 直流系统充电屏输出电压正常		
	合上交流充电机切换 1QS3 开关		
	检查 220V 直流系统备用充电屏输出电压正常		
	合上公用交流充电机切换 3QS3 开关		
	检查 110V 直流系统 1 号充电屏输出电压正常		
	合上交流充电机切换 1QS3 开关		
	检查 110V 直流系统 2 号充电屏输出电压正常		
	合上公用交流充电机切换 3QS3 开关		
	检查 110V 直流系统 3 号充电屏输出电压正常		
	合上公用交流充电机切换 2QS3 开关		

续表

内容		评价	
学习目标	评价项目	个人评价	教师评价
技能目标	检查 PC 1A 段电压、检查 PC 1B 段电压正常		
	打开 UPS 主机 A 柜，合上主电源开关、自动旁路开关		
	检查 UPS 主机 A 柜由直流电源切换到主电源运行		
	打开 UPS 主机 B 柜，合上主电源开关、自动旁路开关		
	检查 UPS 主机 B 柜由直流电源切换到主电源运行		
	打开 UPS 旁路柜，合上手动旁路开关，输出指示灯亮		
	打开启备变冷却器就地控制柜，检查没有故障指示灯亮		
	冷却器自动投入切至工作位		
	控制转换开关切至“自动”位		
	远方/就地转换开关切至“远方”位		
	除潮通风转换开关切至“自动”位		
素质目标	沟通能力		
	团队合作能力		
	方法创新能力		
	突发事件处理能力		
改进要求			

六、课后练习

（1）画出 380V 系统图。

（2）利用仿真平台训练 380V 系统的送电操作。

工作任务二　循环水及开/闭式循环水系统投运

工作子任务一　循环水系统投运

循环水系统是冷却水系统的习惯称谓，其作用是向发电机组的凝汽器和辅机冷却系统提供数量、温度和水质符合要求的冷却介质。

一、任务描述

按规程进行各阀门开、关操作。

资源库 10_循环水系统启动

完成循环水系统的启动。

二、任务分析

这项任务需要按顺序进行阀门的开关操作，完成循环水系统的启动（以 660MW 机组为例，其他各类型机组参照执行）。为此，需要严格按照操作票规定的顺序，逐项完成。循环水系统投运操作票见

表 1－2－1。

表 1－2－1　　　　循环水系统投运操作票

操作任务：循环水系统投入			
操作开始时间	年　月　日　时　分	操作结束时间	年　月　日　时　分

顺序	危险因素预控项目	执行
1	启动循环泵前，应先检查并保持凝汽器循环水左、右侧出水门开启以利于充分排气	
2	启动第一台循环水泵时，就地控制出口门，缓慢注水排空气，循环泵启动后开启凝汽器左、右水室排气门，等到排气门见水后关闭	
3	启动循环泵后应检查系统有无泄漏，尤其凝汽器人孔门	
4	开启凝结器水侧空气门后要有专人看管，防止出水后关闭不及时造成凝结水泵坑水位过高	
顺序	操　作　项　目	执行
1	接值长令：＃____机循环水系统投运	
2	检查＃____机循环水系统各热工仪表、保护投入正常	
3	电气检查＃____机循环水泵电机绝缘合格，送电正常	
4	检查 A 循环水泵变频器处于热备用状态（需要 A 循环水泵变频器隔离开关 QS1，A 循环水泵变频器隔离开关 QS2，在合闸位置；A 循环水泵变频器隔离开关 QS3 在断开位置）	
5	电气检查 1、2、3、4 号增压泵电机绝缘合格，送电正常	
6	检查并确认前池水位不低于 6m	
7	检查确认循环水进、回水管路所有放水阀在关闭状态，否则手动关闭	
8	打开凝汽器水侧所有放气门	
9	开启 A 循环水泵至增压泵用水手动门	
10	打开 1 号增压泵进口滤网进/出口手动门	
11	打开 1 号增压泵进/出口手动门	
12	打开 A 循环泵电机冷却水入口手动门	
13	打开 2 号增压泵进口滤网进/出口手动门	
14	打开循环泵电机冷却水管路，启泵前由化水车间提供冷却水	
15	打开 B 循环泵电机冷却水入口手动门	
16	检查确认 1、2 号增压泵进口滤网排污手动门在关闭状态，否则手动关闭	
17	开启 A 胶球泵入口手动门	
18	开启 B 胶球泵入口手动门	
19	打开 A 排污泵出口手动门	
20	打开 B 排污泵出口手动门	
21	打开凝汽器外环进、出口电动门	
22	打开凝汽器内环进、出口电动门	
23	检查循环水管路至工业水系统的电动阀关闭	
24	打开 A 循环水泵冷却水电磁阀	
25	打开 B 循环水泵冷却水电磁阀	

续表

顺序	操 作 项 目	执行
26	合A循环水泵高压开关	
27	合B循环水泵高压开关	
28	启动A循环泵变频器	
29	检查A循环泵出口门联动开启，否则手动开启	
30	检查A循环泵电流、转速、压力等正常	
31	关闭凝汽器水侧所有放气门	
32	给定A循环泵频率为35～45Hz	
33	B循环水泵投入连锁备用	
34	启动A循环水泵冷却风机	
35	启动A循环水泵的1号增压泵，确认运行正常后将2号增压泵投连锁备用	
36	根据需要向循环水用户供水	
37	操作完毕，汇报值长	
备注：		
操作人：	值班负责人：	值长：

三、 相关知识

1. 循环水系统的工艺流程

循环水系统工艺流程见图1-2-1。

资源库11_循环水系统流程

根据气候条件和水资源情况的不同，通常采用水或空气作为凝汽器的冷却介质。而对于发电机组的其余辅助设备的冷却则主要采用水作为冷却介质。以水作为冷却介质的冷却系统称为湿式冷却系统（简称湿冷系统），也叫冷却水系统。以空气作为冷却介质的冷却系统称为干式冷却系统（简称干冷系统），也叫空冷系统。

根据发电厂供水方式的不同，冷却水系统可分成循环冷却水系统和直流冷却水系统。

循环冷却水系统是指经过冷却设施冷却后的冷却水，通过循环水泵加压送入凝汽器和其他冷却器中吸热，然后排入冷却设施中冷却降温，再返回到凝汽器吸热，进行循环使用的冷却水系统。循环冷却水系统的冷却设施主要包括：冷却塔（分为自然通风和机力通风两种）、喷水池和冷却水池等。循环冷却水系统为湿冷闭式冷却方式，适用于水资源不足或采用直流冷却系统不合理的热力发电厂。对于北方严重缺水地区，现在广泛采用空冷系统。

直流冷却水系统是指从江河、湖泊、水库或海湾等处取水，利用水泵和管道或水渠将水引入凝汽器等换热器，吸热后再排到取水点下游的贯流式冷却系统。采用这种冷却系统，在相同的环境条件下，凝汽器可获得更高的最佳真空。

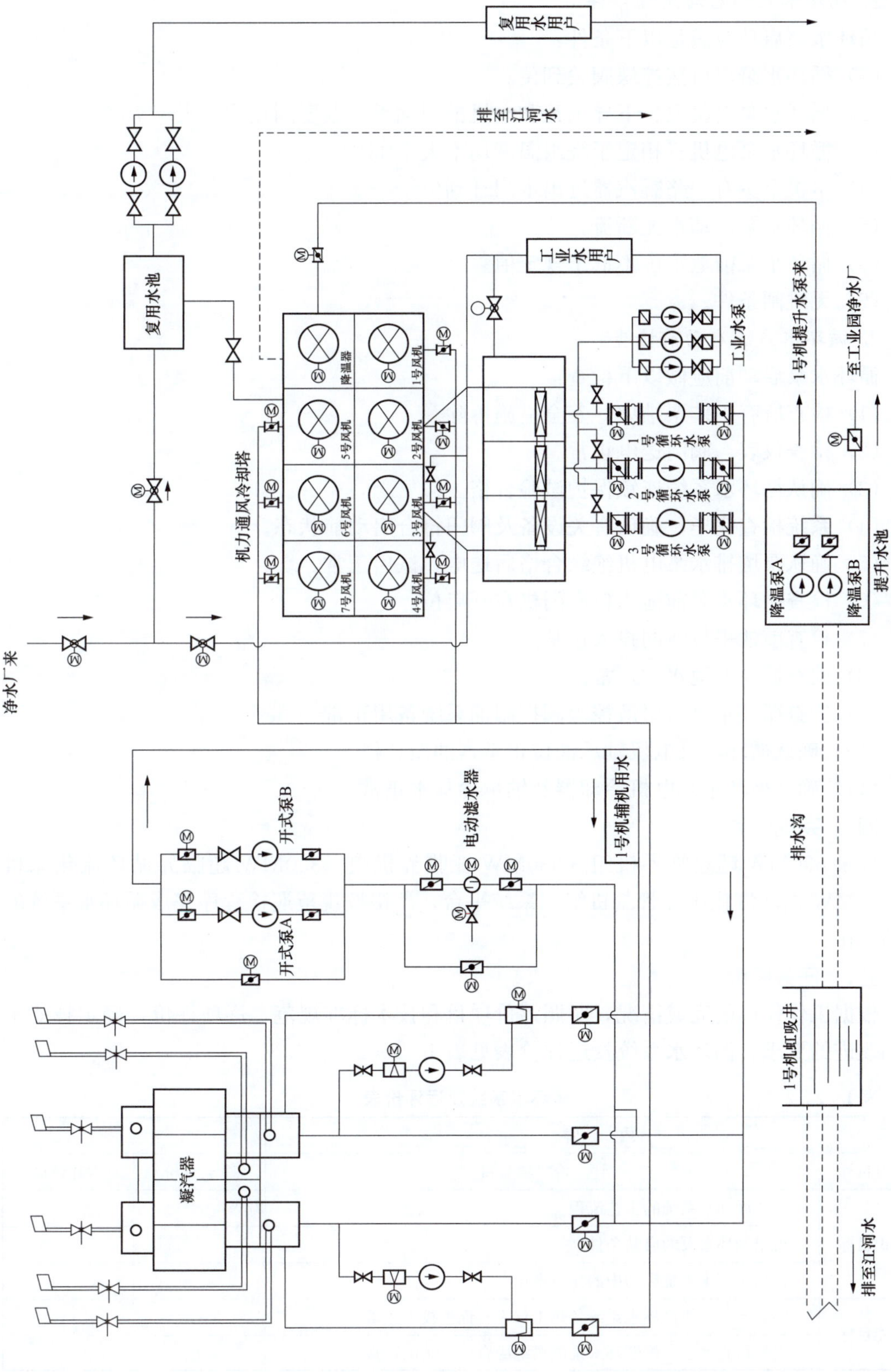

图1-2-1　循环水系统工艺流程

2. 循环水泵的启动允许条件

循环水泵启动应满足以下条件：

（1）循环水泵出口液控蝶阀关到位。

（2）循环水泵电机上、下导轴瓦和电机推力轴承各温度测点均不大于70℃。

（3）循环水泵电机三相定子绕组温度均不大于110℃。

（4）本机至少有一路凝汽器进出水门开到位。

（5）循环水泵冷却水无断流。

（6）循环水泵前池水位不低于规定值。

（7）无跳闸条件。

3. 循环水系统启动前检查

循环水泵启动前应做以下检查：

（1）检查所有工作票结束，安全措施拆除。

（2）检查仪表、阀门送电正常。

（3）确认循环水系统连锁保护试验合格。

（4）系统检查完毕，确认有关设备及阀门符合启动前状态。

（5）确认泵坑排水泵电机绝缘合格后送电，试启正常。

（6）检查循环水泵前池入口启闭机在开启位。

（7）检查前池平板滤网投入正常。

（8）检查循泵前池水位正常。

（9）检查循环水泵出口液控蝶阀控制油系统备用正常。

（10）确认循环水泵电机轴承油位正常，油质合格。

（11）确认循环水泵电机冷却器及轴承冷却水正常。

四、 完成任务

登录660MW超超临界机组（330MW亚临界机组、350MW超临界循环流化床机组、50MW循环流化床母管制机组）系统平台，严格按规范巡检程序完成循环水系统的启动工作。

五、 任务评价

根据工作任务的完成情况，对照评价项目和技术标准规范，逐项评价，确定技能水平和改进的要求。循环水系统投运评价表见表1-2-2。

表1-2-2　　循环水系统投运评价表

内　容		评　价	
学习目标	评　价　项　目	个人评价	教师评价
知识目标	描述循环水系统的工艺流程		
	说出循环水泵的启动条件		
	说出循环水系统启动中的注意事项		
技能目标	检查＃____机循环水系统各热工仪表、保护投入正常		
	电气检查＃____机循环水泵电机绝缘合格，送电正常		

续表

内　　容		评　　价	
学习目标	评　价　项　目	个人评价	教师评价
技能目标	检查A循环水泵变频器处于热备用状态（需要A循环水泵变频器隔离开关QS1，A循环水泵变频器隔离开关QS2，在合闸位置；A循环水泵变频器隔离开关QS3在断开位置）		
	电气检查1～4号增压泵电机绝缘合格，送电正常		
	检查并确认前池水位不低于6m		
	检查确认循环水进、回水管路所有放水阀在关闭状态，否则手动关闭		
	打开凝汽器水侧所有放气门		
	开启A循环水泵至增压泵用水手动门		
	打开1号增压泵进口滤网进/出口手动门		
	打开1号增压泵进/出口手动门		
	打开A循环泵电机冷却水入口手动门		
	打开2号增压泵进口滤网进/出口手动门		
	打开循环泵电机冷却水管路，启泵前由化水车间提供冷却水		
	打开B循环泵电机冷却水入口手动门		
	检查确认1、2号增压泵进口滤网排污手动门在关闭状态，否则手动关闭		
	开启A胶球泵入口手动门		
	开启B胶球泵入口手动门		
	打开A排污泵出口手动门		
	打开B排污泵出口手动门		
	打开凝汽器外环进、出口电动门		
	打开凝汽器内环进、出口电动门		
	检查循环水管路至工业水系统的电动阀关闭		
	打开A循环水泵冷却水电磁阀		
	打开B循环水泵冷却水电磁阀		
	合A循环水泵高压开关		
	合B循环水泵高压开关		
	启动A循环泵变频器		
	检查A循环泵出口门联动开启，否则手动开启		
	检查A循环泵电流、转速、压力等正常		
	关闭凝汽器水侧所有放气门		
	给定A循环泵频率为35～45Hz		
	B循环水泵投入连锁备用		
	启动A循环水泵冷却风机		

续表

内容		评价	
学习目标	评价项目	个人评价	教师评价
技能目标	启动A循环水泵的1号增压泵，确认运行正常后将2号增压泵投联锁备用		
	根据需要向循环水用户供水		
素质目标	沟通能力		
	团队合作能力		
	方法创新能力		
	突发事件处理能力		
改进要求			

六、课后练习

（1）简述循环水系统的工艺流程。

（2）制订循环水系统启动流程。

（3）利用仿真平台训练循环水系统的启动操作。

工作子任务二　开式循环水系统投运

开式循环水系统用来向除凝汽器以外的冷却器和机械轴承提供冷却水。主要用于对水质要求不太高，而对水温要求较严格的大流量冷却器。如果冷却水源为淡水且不需进行处理即可作为辅机冷却水，通常不设闭式循环水系统，而单独采用开式循环水系统作为辅机冷却系统。

一、任务描述

按规程进行各阀门开、关操作。

完成开式循环水系统的启动。

资源库12_开式循环水系统投运

二、任务分析

这项任务需要按顺序进行阀门的开关操作，完成开式循环水系统的启动（以660MW机组为例，其他各类型机组参照执行）。为此，需要严格按照操作票规定的顺序，逐项完成。开式循环水系统投运操作票见表1-2-3。

表1-2-3　开式循环水系统投运操作票

<table>
<tr><td colspan="4">操作任务：#____机开式循环水系统投运操作票</td></tr>
<tr><td>操作开始时间</td><td>年　月　日　时　分</td><td>操作结束时间</td><td>年　月　日　时　分</td></tr>
<tr><td>顺序</td><td colspan="2">危险因素预控项目</td><td>执行</td></tr>
<tr><td>1</td><td colspan="2">开式循环水泵启动前，泵体及系统应充分排尽空气，防止管道振动</td><td></td></tr>
<tr><td>2</td><td colspan="2">开式循环水泵启动前，应开启部分开式循环水用户建立循环回路</td><td></td></tr>
</table>

续表

顺序	危险因素预控项目	执行
3	启动前检查系统各放水门关闭，系统无漏水跑水现象，否则应立即采取处理措施	
4	避免操作不当损坏设备	
顺序	操 作 项 目	执行
1	接值长令：#____机开式循环水系统投运	
2	检查并确认#____机开式循环水系统检修工作已全部结束，设备完整良好、现场整洁	
3	检查并确认#____机开式循环水系统各阀门、仪表调试结束并正常	
4	确认#____机开式循环水系统所有保护及连锁试验良好、报警正常	
5	检查各仪表、阀门送电正常	
6	检查各阀门已处于投运前正常状态	
7	#____机开式循环水泵电机测绝缘合格后送电	
8	检查#____机开式循环水泵及电机轴承润滑油已加注正常，油质合格	
9	检查开式循环水泵运行正常，水压力正常	
10	开启#____机开式循环水至1号电动滤水器电动门	
11	关闭1号电动滤水器旁路电动门	
12	开启1号电动滤水器进出口电动门	
13	根据需要投入用户	
14	开启1号机开式循环水至2号电动滤水器电动门	
15	关闭2号电动滤水器旁路电动门	
16	开启2号电动滤水器进出口电动门	
17	打开发电机氢气冷却器进、回水门	
18	开启____开式循环水泵进口门	
19	开启管道排空气门，管道排空气门见连续水流后关闭	
20	启动____开式循环水泵，检查出口电动门联开，根据开冷水用户要求调整开式循环水泵压力	
21	监视电机电流、母管压力等参数正常	
22	开式循环水泵运行期间注意检查泵声音、振动、温度、盘根漏水、母管压力等参数	
23	投入开式循环水泵连锁开关	
24	根据需要投入炉侧用户	
25	投入1号/2号滤水器自动运行方式	
26	操作完毕，汇报值长	
备注：		
操作人：	值班负责人：	值长：

三、相关知识

开式循环水系统工艺流程如图1－2－2所示。在火电厂中，汽轮机润滑油的冷却

资源库 13_开式循环水系统流程

器，发电机氢气、空气或冷却水的冷却器都需要大量的冷却水；发电机组中还有许多转动机械因轴承摩擦而产生大量热量，发电机和各种电动机运行因存在铁损和铜损也会产生大量的热量。这些热量如果不能及时排出，积聚在设备内部，将会引起设备超温甚至损坏。为此，配备了辅机循环水系统，对这些设备进行冷却。

辅机循环水系统分为开式循环水系统和闭式循环水系统。

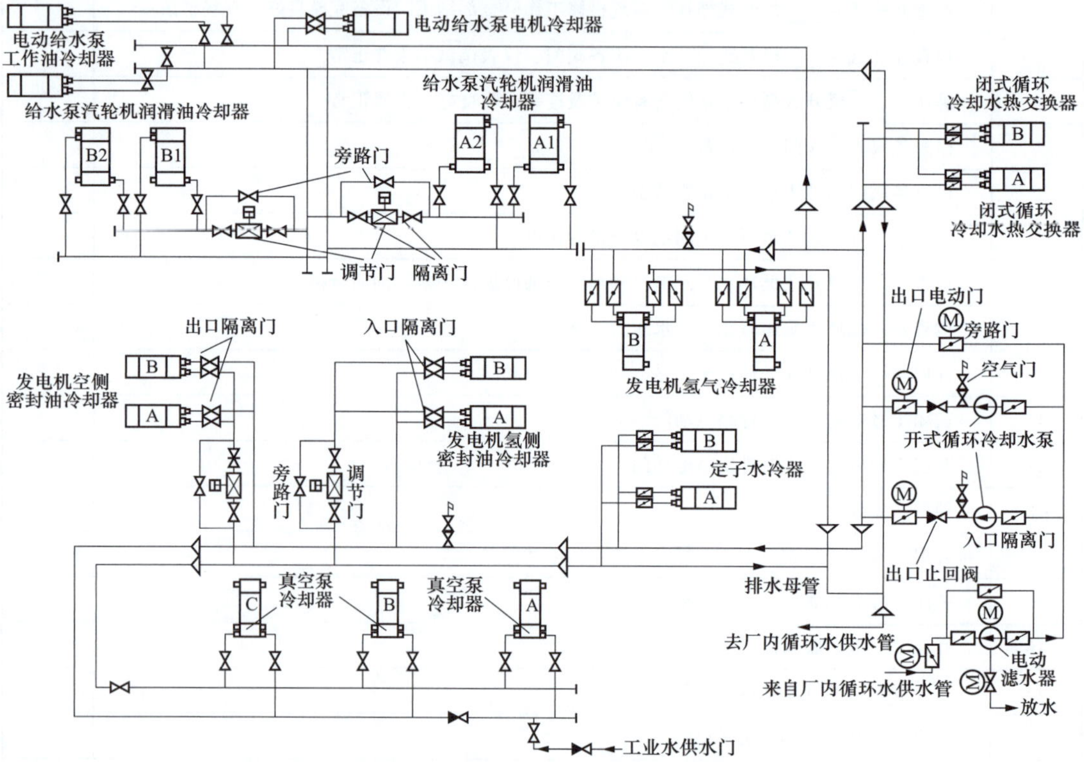

图 1-2-2　开式循环水系统工艺流程

对于湿冷机组，开式循环水系统实质上是与凝汽器循环水系统并联的辅机冷却系统。其冷却介质自凝汽器冷却水进水管引出，经过开式冷却水泵加压后送入冷却对象中吸热，最终排入凝汽器冷却水回水管。而对于空冷机组，开式循环水系统则是单独设置的辅机循环水系统，配有专门的机力通风冷却塔。开式循环水系统相对比较简单，可以用公用水或补给水作为备用，在夏季工况可通过掺入低温水保持良好冷却效果，但系统水质不稳定，有结垢的可能。

如果冷却水源为淡水且不需进行处理即可作为辅机冷却水，通常采用开式循环水系统作为辅机冷却系统。如果冷却水源为淡水，但需经过处理时，则采用开式冷却与闭式冷却相结合的辅机循环水系统。如果冷却水源为海水或再生水，则采用闭式循环水系统作为辅机冷却系统。

由于发电机组的冷却水系统（即通常所说的循环水系统）除了向凝汽器提供冷却水外，还要向开式循环水系统或闭式循环水系统提供冷却水，所以通常需要提前启动。

开式循环水系统（见图1-2-2），设有两台开式循环水泵，容量均为100%，互为备用，并联连接，夏季水温高时可同时投入运行。开式循环水系统流程如下：循环水进水母管→电动滤水器→开式循环水泵→各设备的冷却器（用户）→循环水出水母管。

四、完成任务

登录660MW超超临界机组（330MW亚临界机组、350MW超临界循环流化床机组、50MW循环流化床母管制机组）系统平台，严格按规范巡检程序完成开式水系统的启动工作。

五、任务评价

根据工作任务的完成情况，对照评价项目和技术标准规范，逐项评价，确定技能水平和改进的要求。开式循环水系统投运评价表见表1-2-4。

表1-2-4　开式循环水系统投运评价表

内容		评价	
学习目标	评价项目	个人评价	教师评价
知识目标	描述开式循环水系统的工艺流程		
	说出开式循环水泵的启动条件		
	说出开式循环水系统启动中的注意事项		
技能目标	接值长令：#____机开式循环水系统投运		
	检查并确认#____机开式循环水系统检修工作已全部结束，设备完整良好、现场整洁		
	检查并确认#____机开式循环水系统各阀门、仪表调试结束并正常		
	确认#____机开式循环水系统所有保护及连锁试验良好、报警正常		
	检查各仪表、阀门送电正常		
	检查各阀门已处于投运前正常状态		
	#____机开式循环水泵电机测绝缘合格后送电		
	检查#____机开式循环水泵及电机轴承润滑油已加注正常，油质合格		
	检查开式循环水泵运行正常来水压力正常		
	开启#____机开式循环水至1号电动滤水器电动门		
	关闭1号电动滤水器旁路电动门		
	开启1号电动滤水器进出口电动门		
	根据需要投入用户		
	开启1号机开式循环水至2号电动滤水器电动门		
	关闭2号电动滤水器旁路电动门		
	开启2号电动滤水器进出口电动门		
	打开发电机氢气冷却器进、回水门		

续表

内容		评价	
学习目标	评价项目	个人评价	教师评价
技能目标	开启开式循环水泵进口门		
	开启管道排空气门，管道排空气门见连续水流后关闭		
	启动开式循环水泵，检查出口电动门联开，根据开冷水用户要求调整开冷水泵压力		
	监视电机电流、母管压力等参数正常		
	开式循环水泵运行期间注意检查泵声音、振动、温度、盘根漏水、母管压力等参数		
	投入开式循环水泵连锁开关		
	根据需要投入炉侧用户		
	投入 1/2 号滤水器自动运行方式		
素质目标	沟通能力		
	团队合作能力		
	方法创新能力		
	突发事件处理能力		
改进要求			

六、课后练习

(1) 简述开式循环水系统的工艺流程。

(2) 制订开式循环水系统启动的操作票。

(3) 利用仿真平台训练开式循环水系统的启动操作。

工作子任务三　闭式循环水系统投运

闭式循环水系统也是用来向除凝汽器以外的其余冷却器和机械轴承提供冷却水的辅机冷却系统。它通常用于冷却水量较小、水质要求较高，但对温度要求不严格的冷却对象。但当凝汽器采用海水冷却时，其余冷却器和机械轴承的冷却全部由闭式循环水系统承担。

一、任务描述

按规程进行各阀门开、关操作。

完成闭式水系统的启动。

资源库 14_闭式循环水系统投运

二、任务分析

这项任务需要按顺序进行阀门的开关操作，完成闭式循环水系统的启动（以 660MW 机组为例，其他各类型机组参照执行）。为此，需要严格按照操作票规定的顺序，逐项完成。闭式循环水系统投运操作票见表1-2-5。

表1-2-5　　闭式循环水系统投运操作票

操作任务：#____机闭式循环水系统投运				
操作开始时间	年　月　日　时　分	操作结束时间	年　月　日　时　分	
顺序	危险因素预控项目			执行
1	闭式循环水泵启动前泵体及系统应充分排尽空气，注水需缓慢防止管道水锤			
2	闭式循环水泵启动前，应开启部分闭冷水用户建立循环回路			
3	启动前检查系统各放水门关闭，系统无漏水跑水现象			
顺序	操　作　项　目			执行
1	检查并确认#____机闭式循环水系统检修工作已全部结束，设备完整良好、现场整洁			
2	检查#____机凝汽器排污坑排水设备完善可用			
3	检查并确认#____机闭式循环水系统各阀门、仪表调试结束并正常			
4	确认#____机闭式循环水系统所有保护及连锁试验良好、报警正常			
5	检查各仪表、阀门送电正常			
6	检查各阀门已处于投运前正常状态			
7	#____机____闭式循环水泵电机测绝缘合格后送电			
8	检查#____机____闭式循环水泵及电机轴承润滑油已加注正常，油质合格			
9	联系化学启动除盐水泵向闭冷水箱注水			
10	开启#____机闭式循环水箱补水调整门，补水至1600mm			
11	开启闭冷水箱放水门对闭冷水箱反复冲洗直至水质合格			
12	关闭闭冷水箱放水门			
13	开启闭冷水箱出口母管手动门、开启闭式循环水泵进口门			
14	开启泵体放空气门见水后关闭			
15	开启一组闭式循环水冷却器进、出口门，并对冷却器注水放空气			
16	开启部分闭式循环水用户的进、出口门，提供闭式循环水循环回路			
17	启动____闭式循环水泵，检查出口门联开			
18	监视启动电流及返回时间正常，电流不超限，注意备用泵不倒转			
19	检查泵声音、振动、温度、盘根漏水正常			
20	投入闭式循环水泵连锁开关			
21	根据情况投入闭式循环水用户及调整闭式水压力			
22	操作完毕，汇报值长			
备注：				
操作人：		值班负责人：		值长：

三、相关知识

闭式循环水系统的流程如图1-2-3所示。该通常采用软化水或除盐水作为水源，可避免设备结垢，但相对于开式循环水系统较为复杂。

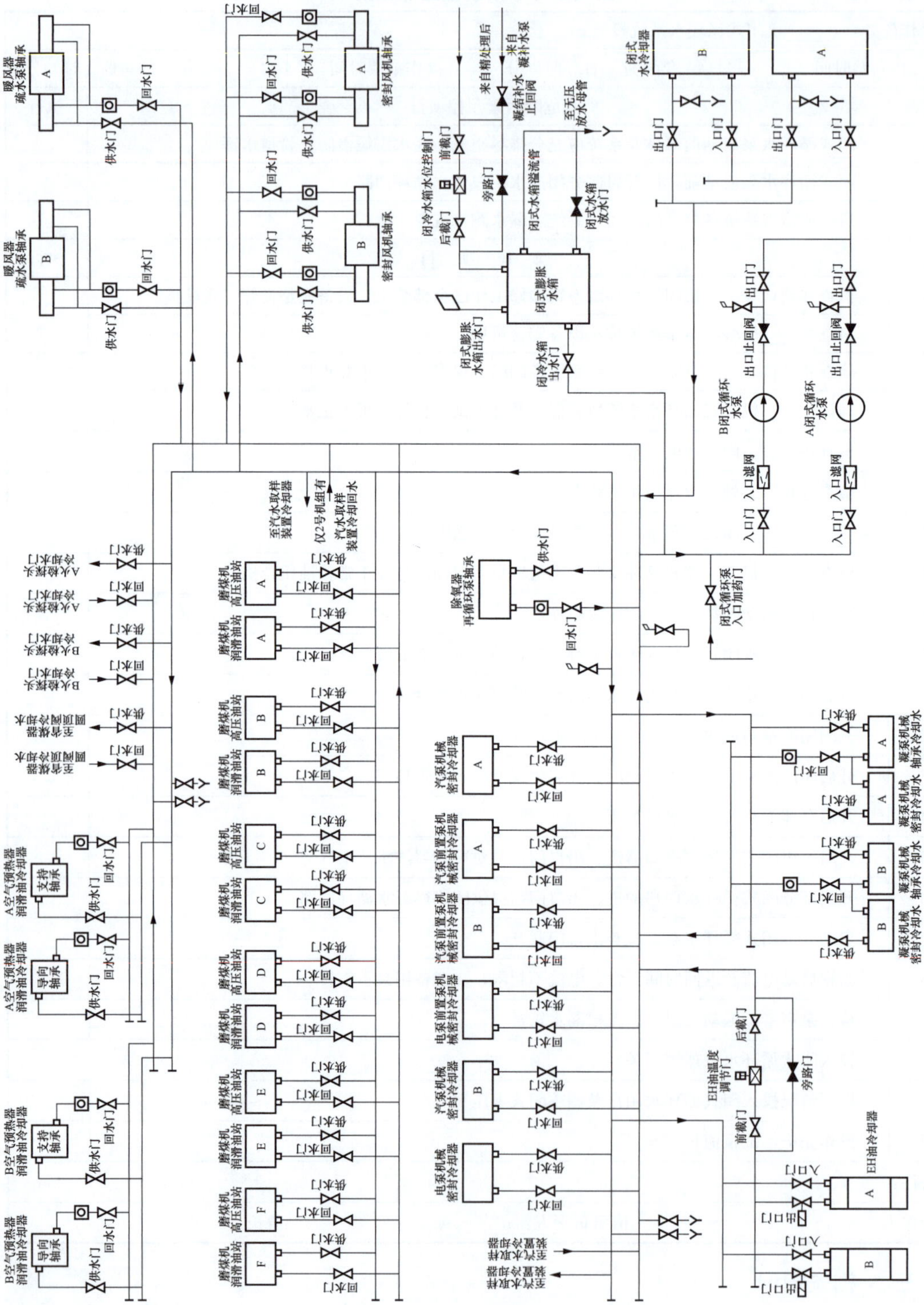

图 1-2-3　闭式循环水系统的流程

闭式循环水系统是一个相对独立的闭式循环冷却系统。根据所采用散热器的不同，主要有三种典型系统：

资源库 15_闭式循环水系统流程

(1) 采用水-水换热器（闭式水冷却器）的闭式冷却系统。这种系统以凝汽器冷却水（循环水）为冷却水源，通过水-水换热器冷却闭式水，再通过闭式水冷却相关冷却对象。由于闭式水冷却器存在传热端差，所以闭式水的温度比循环水的高 4～5℃。适用于以海水作循环水或循环水水质不能满足冷却对象需要的情况。

(2) 采用机力通风冷却塔的闭式循环水系统。这种系统不设闭式水冷却器，而采用机力通风冷却塔给闭式水散热降温，冷却效果较好。适用于空冷机组。

(3) 采用空冷器的闭式循环水系统。这种系统装设了专用空冷散热器给闭冷水散热降温。适用于寒冷缺水地区。

闭式循环水系统设有两台闭式循环水泵，容量均为 100%，互为备用，并联连接。系统流程：闭式膨胀水箱→闭式循环水泵→闭式循环水热交换器→各冷却器（用户）→闭式循环水泵入口。

闭式循环水系统的正常补充水为凝结水，初始补水由凝结水补充水泵来的除盐水完成。闭式膨胀水箱作为闭式水的缓冲水箱，其作用是减小闭式循环水系统循环水量的波动，以及吸收水的热膨胀，水箱高位布置，可为闭式循环水泵提供足够的净吸入压头，以防止闭式水泵汽蚀。水箱水位由补充水管道上调节门调节补充水量维持。水箱的正常水位只维持水箱容积的 1/2，使其有一定的膨胀空间。

四、完成任务

登录 660MW 超超临界机组（330MW 亚临界机组、350MW 超临界循环流化床机组、50MW 循环流化床母管制机组）系统平台，严格按规范巡检程序完成闭式循环水系统的启动工作。

五、任务评价

根据工作任务的完成情况，对照评价项目和技术标准规范，逐项评价，确定技能水平和改进的要求。闭式循环水系统投运评价表见表 1-2-6。

表 1-2-6　　闭式循环水系统投运评价表

内容		评价	
学习目标	评价项目	个人评价	教师评价
知识目标	描述闭式循环水系统的工艺流程		
	说出闭式循环水泵的启动条件		
	说出闭式循环水系统启动中的注意事项		
技能目标	检查并确认#____机闭式循环水系统检修工作已全部结束，设备完整良好、现场整洁		
	检查#____机凝汽器排污坑排水设备完善可用		
	检查并确认#____机闭式循环水系统各阀门、仪表调试结束并正常		
	确认#____机闭式循环水系统所有保护及连锁试验良好、报警正常		

续表

内　容		评　价	
学习目标	评　价　项　目	个人评价	教师评价
技能目标	检查各仪表、阀门送电正常		
	检查各阀门已处于投运前正常状态		
	＃____机____闭式循环水泵电机测绝缘合格后送电		
	检查＃____机____闭式循环水泵及电机轴承润滑油已加注正常，油质合格		
	联系化学启动除盐水泵向闭冷水箱注水		
	开启＃____机闭冷水箱补水调整门，补水至1600mm		
	开启闭冷水箱放水门对闭冷水箱反复冲洗直至水质合格		
	关闭闭冷水箱放水门		
	开启闭冷水箱出口母管手动门、开启闭式循环水泵进口门		
	开启泵体放空气门见水后关闭		
	开启一组闭式循环水冷却器进、出口门，并对冷却器注水放空气		
	开启部分闭式循环水用户的进、出口门，提供闭冷水循环回路		
	启动____闭式循环水泵，检查出口门联开		
	监视启动电流及返回时间正常，电流不超限，注意备用泵不倒转		
	检查泵声音、振动、温度、盘根漏水正常		
	投入闭式循环水泵连锁开关		
	根据情况投入闭式循环水用户及调整闭式循环水压力		
素质目标	沟通能力		
	团队合作能力		
	方法创新能力		
	突发事件处理能力		
改进要求			

六、 课后练习

（1）简述闭式循环水系统的工艺流程。

（2）制订闭式循环水系统启动的操作票。

（3）利用仿真平台训练闭式循环水系统的启动操作。

工作任务三　压缩空气及辅助蒸汽系统投运

工作子任务一　压缩空气系统投运

压缩空气系统用于向发电厂有关设备的运行、维护或检修提供具有一定压力的空气。通常分成仪表与控制用气（也称仪用气）和检修用气（也称厂用气）两个系统。

一、任务描述

按规程进行各阀门开、关操作。

确认空压机启动条件满足。

完成压缩空气系统的启动。

二、任务分析

这项任务需要按顺序进行阀门的开关操作，完成压缩空气系统的启动（以 660MW 机组为例，其他各类型机组参照执行）。为此，需要严格按照操作票规定的顺序，逐项完成。压缩空气系统投运操作票见表 1-3-1。

资源库 16_压缩空气系统投运

表 1-3-1　压缩空气系统投运操作票

<table>
<tr><td colspan="4">操作任务：压缩空气系统投运</td></tr>
<tr><td>操作开始时间</td><td>年　月　日　时　分</td><td>操作结束时间</td><td>年　月　日　时　分</td></tr>
<tr><td>顺序</td><td colspan="2">危险因素预控项目</td><td>执行</td></tr>
<tr><td>1</td><td colspan="2">检查确认空压机系统各部正常、阀门位置符合空压机的启动要求</td><td></td></tr>
<tr><td>2</td><td colspan="2">空气压缩机及其配套的贮罐、管系等符合国家规范设计</td><td></td></tr>
<tr><td>3</td><td colspan="2">检查确认空压机各部分变送器、压力表正常投用</td><td></td></tr>
<tr><td>顺序</td><td colspan="2">操　作　项　目</td><td>执行</td></tr>
<tr><td>1</td><td colspan="2">接值长令：压缩空气系统投运</td><td></td></tr>
<tr><td>2</td><td colspan="2">检查并确认压缩空气系统检修工作已全部结束</td><td></td></tr>
<tr><td>3</td><td colspan="2">检查空压机油位正常，冷却水投入，阀门位置正确</td><td></td></tr>
<tr><td>4</td><td colspan="2">检查干燥净化装置具备投运的条件，冷却水投入，阀门位置正确</td><td></td></tr>
<tr><td>5</td><td colspan="2">空压机电机测绝缘合格后送电</td><td></td></tr>
<tr><td>6</td><td colspan="2">检查压缩空气各储气罐完好，表计完好，安全门校验完毕，检查压缩空气系统管路各阀门开关正常</td><td></td></tr>
<tr><td>7</td><td colspan="2">启动空压机，检查排气温度，轴承温度、线圈温度正常，振动正常</td><td></td></tr>
<tr><td>8</td><td colspan="2">启动干燥净化装置</td><td></td></tr>
<tr><td>9</td><td colspan="2">打开压缩空气至储气罐总门，打开储气罐疏水门，检查压缩空气干净无杂物，压力正常，含水量正常</td><td></td></tr>
<tr><td>10</td><td colspan="2">当压缩空气品质合格后，逐个开启压缩空气各用户门，并打开各用户的疏水门，直至无水流出为止，检查各用户有无泄漏情况，压力合格</td><td></td></tr>
<tr><td>11</td><td colspan="2">检验压缩空气各用户品质合格后，投入用户使用</td><td></td></tr>
<tr><td>12</td><td colspan="2">操作完毕，汇报值长</td><td></td></tr>
<tr><td colspan="4">备注：</td></tr>
<tr><td colspan="4">操作人：　　　　　　　　值班负责人：　　　　　　　　值长：</td></tr>
</table>

三、相关知识

1. 压缩空气系统简介

在火电厂中，通常两台机组配置一个压缩空气供气单元（即空气压缩机室），分别通过独立设置的仪用气系统和厂用气系统提供仪用气和检修用气。仪用气系统主要向机组气动阀、气动仪表、火焰监控探头等装置提供工作气源或冷却气源，同时向除灰、化学系统提供工作气源。厂用气系统主要向机组检修用气提供气源。

压缩空气系统由空气过滤器、空气压缩机、后处理装置、储气罐和供气管道等部分组成。

仪用与厂用压缩空气系统一般采用同型式、同容量的空气压缩机，通常采用螺杆式，并选用无油或少油润滑型式。

后处理装置由后冷却器、气水分离器等组成，仪用气系统还配置干燥净化器、除尘除油过滤器和必要的缓冲气罐。干燥净化装置主要有冷冻式、无热再生吸附式、微热再生吸附式和组合式等型式。

本系统配置了四台螺杆式空气压缩机和四套 $50m^3$ 组合式后处理装置。空气压缩机（简称空压机）及其后处理装置采用母管制布置，后处理装置出口通过母管连接至两台 $60m^3$ 仪用储气罐和一台 $40m^3$ 厂用储气罐。空气压缩机出口母管还配置了一个 $20m^3$ 缓冲罐，以消除空气中的水分，减轻后处理装置的工作负担。

2. 空压机启动前检查

（1）确认空压机检修工作已结束，检修工作票已收回。

（2）检查空压机的紧急停机按钮应已复位。

（3）检查空压机本体油位应正常，油质合格。

（4）检查确认空压机系统各部正常、阀门位置符合空压机的启动要求。

（5）检查确认空压机动力电源、控制电源已送上。

3. 空压机的启动

（1）在就地空压机控制面板上检查空压机无任何影响启动的报警信息。

（2）远方启动空压机。

（3）空压机“自动运行”指示灯亮，空压机启动；如果空压机刚停运 20s 内启动，则“自动运行”指示灯亮，空压机将在停运时间满足 20s 后自动启动。

（4）观察空压机主电动机电流正常返回，DCS 上空压机电动机电气开关反馈变红。

（5）检查空压机本体振动正常，无异音。

4. 空压机的停运

（1）确认空压机具备停运条件。

（2）DCS 按下空压机卸载按钮，检查空压机已卸载。

（3）按下空压机停止按钮。

（4）确认空压机主电机停运（如果直接按下空压机停止按钮，空压机将自动卸载 3s，然后主电机再停运）；DCS 上空压机电动机电气开关反馈变绿。

四、 完成任务

登录 660MW 超超临界机组（330MW 亚临界机组、350MW 超临界循环流化床机组、50MW 循环流化床母管制机组）系统平台，严格按规范巡检程序完成压缩空气系统的启动工作。

五、 任务评价

根据工作任务的完成情况，对照评价项目和技术标准规范，逐项评价，确定技能水平和改进的要求。压缩空气系统投运评价表见表 1-3-2。

表 1-3-2 压缩空气系统投运评价表

内容		评价	
学习目标	评价项目	个人评价	教师评价
知识目标	描述压缩空气系统的工艺流程		
	说出启动压缩空气系统的注意事项		
技能目标	接值长令：压缩空气系统投运		
	检查并确认压缩空气系统检修工作已全部结束		
	检查空压机油位正常，冷却水投入，阀门位置正确		
	检查干燥净化装置具备投运的条件，冷却水投入，阀门位置正确		
	空压机电机测绝缘合格后送电		
	检查压缩空气各储气罐完好，表计完好，安全门校验完毕，检查压缩空气系统管路各阀门开关正常		
	启动空压机，检查排气温度，轴承温度、线圈温度正常，振动正常		
	启动干燥净化装置		
	打开压缩空气至储气罐总门，打开储气罐疏水门，检查压缩空气干净无杂物，压力正常，含水量正常		
	当压缩空气品质合格后，逐个开启压缩空气各用户门，并打开各用户的疏水门，直至无水流出为止，检查各用户有无泄漏情况，压力合格		
	检验压缩空气各用户品质合格后，投入用户使用		
	操作完毕，汇报值长		
素质目标	沟通能力		
	团队合作能力		
	方法创新能力		
	突发事件处理能力		
改进要求			

六、 课后练习

（1）简述压缩空气系统设备的操作规程。

（2）制订启动空压机的操作票。

（3）利用仿真平台训练压缩空气系统的启动操作。

工作子任务二　辅助蒸汽系统投运

辅助蒸汽系统（也称为厂用蒸汽系统）用作锅炉和汽轮机及其辅助设备在启动、停机和正常运行过程中，有关加热的汽源或备用汽源。供汽对象主要有除氧器、锅炉暖风器、汽轮机轴封系统、燃油系统、制粉系统消防、露天设备和仪器的防冻、采暖或空调、除尘器灰斗、汽包锅炉下联箱邻炉加热、给水泵汽轮机调试和启动等。

一、任务描述

按规程进行各阀门开、关操作。

完成辅助蒸汽系统的启动。

资源库 17_辅助蒸汽系统投运

二、任务分析

这项任务需要按顺序进行阀门的开关操作，完成辅助蒸汽系统的启动（以 660MW 机组为例，其他各类型机组参照执行）。为此，需要严格按照操作票规定的顺序，逐项完成。启动辅助蒸汽系统操作票见表 1－3－3。

表 1－3－3　　启动辅助蒸汽系统操作票

操作任务：#____机辅助蒸汽系统投运（启动锅炉来汽）		
操作开始时间	年　月　日　时　分	操作结束时间　年　月　日　时　分
顺序	危险因素预控项目	执行
1	在向辅助蒸汽联箱送汽前，供汽管道和辅助蒸汽联箱应充分疏水，防止辅助蒸汽联箱及管道振动	
2	投入#____机辅助蒸汽系统前应检查确认辅助蒸汽联箱各用户完全隔离	
3	严密监视辅助蒸汽联箱压力，防止超压	
顺序	操　作　项　目	执行
1	接值长令：#____机辅助蒸汽系统投运	
2	检查调整各阀门位置正确	
3	检查确认辅助蒸汽联箱 1 号/2 号联络电动门已经关闭，挂“禁止操作，有人工作”警告牌	
4	检查确认启动锅炉至#____机供汽门关闭，挂“禁止操作，有人工作”警告牌	
5	检查关闭启动锅炉来汽电动门	
6	检查确认#____机辅助蒸汽联箱疏水总门开启	
7	检查确认#____机辅助蒸汽至各用户供汽门关闭	
8	检查确认#____机辅助蒸汽至炉侧供汽电动门关闭	
9	检查确认#____机辅助蒸汽联箱至无压疏水门开启，至疏扩疏水门关闭	

续表

顺序	操 作 项 目	执行
10	开启启动锅炉至＃____辅助蒸汽联箱供汽管道各排地沟疏水门	
11	启动锅炉起压后，逐渐关闭沿途疏水，暖管至启动锅炉来汽电动门前	
12	稍开启动锅炉至＃____机辅助蒸汽联箱供汽门，对＃____机辅助蒸汽联箱及管道进行暖管暖箱	
13	辅助蒸汽联箱充分暖管，温度升至200℃后，提高辅助蒸汽联箱压力至0.2MPa	
14	当辅助蒸汽联箱温度升至300℃后，逐渐全开启动锅炉来汽门	
15	随着启动锅炉升温升压，检查＃____机辅助蒸汽母管参数应逐渐升高至正常参数，辅助蒸汽压力____MPa，温度____℃。并严密注意＃____机辅助蒸汽联箱应不起压	
16	确认＃____机凝汽器真空达－67kPa以上，关闭辅助蒸汽系统至无压疏水门，开启辅助蒸汽系统至疏扩疏水器前、后隔离门，将疏水倒入凝汽器	
17	根据需要投入＃____机辅助蒸汽系统用户	
18	操作完毕，汇报值长	
备注：		
操作人：	值班负责人：	值长：

三、 相关知识

资源库18_辅助蒸汽系统流程

1. 辅助蒸汽系统的工艺流程

辅助蒸汽系统的工艺流程如图1－3－1所示。辅助蒸汽系统的主要功能有两方面：当本机组处于启动阶段而需要蒸汽时，它可以将正在运行的相邻机组（首台机组启动则是启动锅炉）的蒸汽引送到本机组的蒸汽用户，如除氧器水箱预热、暖风器及燃油加热、厂用热交换器、汽轮机轴封、真空系统抽气器、燃油加热及雾化、水处理室等；当本机组正在运行时，也可将本机组的蒸汽引送到相邻（正在启动）机组的蒸汽用户，或将本机组再热冷段的蒸汽引送到本机组各个需要辅助蒸汽的用户。该系统主要由辅助蒸汽母管、相邻机组辅助蒸汽母管至本机组辅助蒸汽母管供汽管、本机组再热冷段至辅助蒸汽母管主供汽管、本机组再热冷段至辅助蒸汽母管小旁路、轴封蒸汽母管，以及一系列相应的安全阀、减温减压装置等组成。

2. 辅助蒸汽系统的汽源

辅助蒸汽系统一般有三路汽源，分别考虑到机组启动、低负荷、正常运行及厂区的用汽情况。这三路汽源是其他机组供汽或启动锅炉、本机再热蒸汽冷段（即二段抽汽）和四段抽汽。设置三路启动汽源的目的是保证供汽，减少启动供汽损失，提高启动工况的经济性。

机组正常运行时，辅助蒸汽系统也由四段抽汽供汽。采用四段抽汽为辅助蒸汽系统供汽的原因是：在正常运行工况下，其压力变动范围与辅助蒸汽联箱的压力变化范围基本接近。在这段供汽支管上，依次设置流量测量装置、电动门和止回阀，不设调节门。

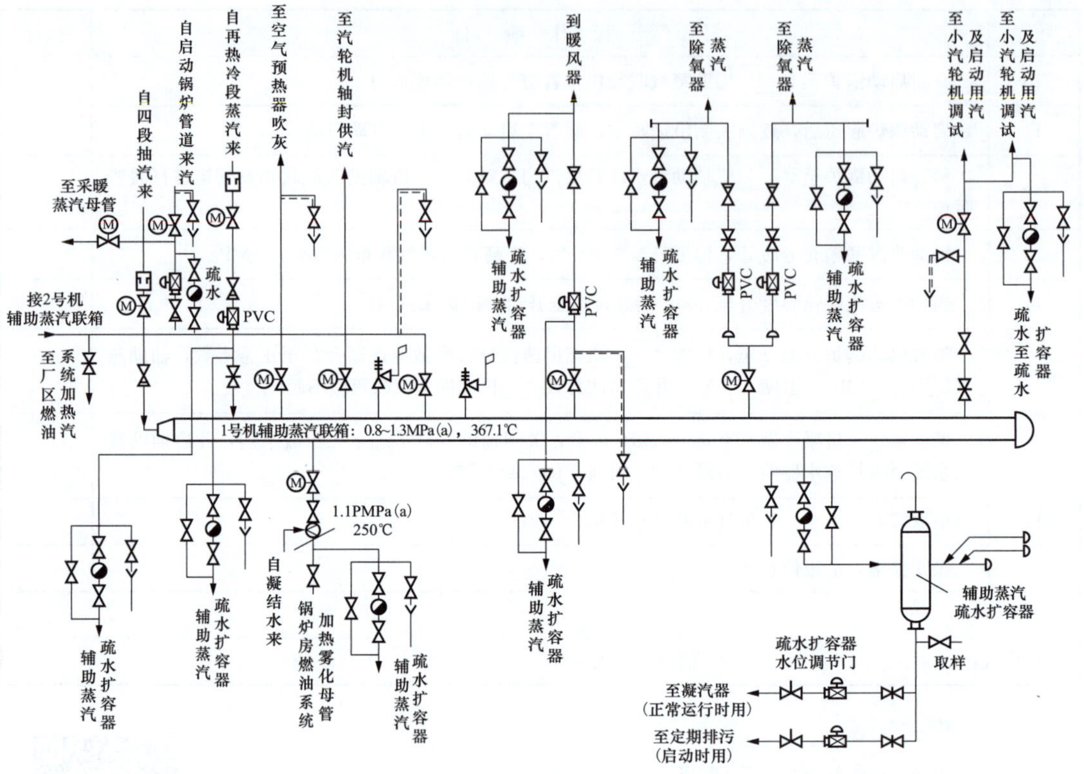

图 1-3-1　辅助蒸汽系统的工艺流程

因此，在一定范围内，辅助蒸汽联箱的压力随机组负荷和四段抽汽压力变化而滑动，从而减少了节流损失，提高机组运行的热经济性。

四、 完成任务

登录 660MW 超超临界机组（330MW 亚临界机组、350MW 超临界循环流化床机组、50MW 循环流化床母管制机组）系统平台，严格按规范巡检程序完成辅助蒸汽系统的启动工作。

五、 任务评价

根据工作任务的完成情况，对照评价项目和技术标准规范，逐项评价，确定技能水平和改进的要求。启动辅助蒸汽系统评价表见表 1-3-4。

表 1-3-4　　启动辅助蒸汽系统评价表

内容		评价	
学习目标	评价项目	个人评价	教师评价
知识目标	描述辅助蒸汽系统的工艺流程		
	说出辅助蒸汽的三路汽源		
	说出辅助蒸汽系统启动中的注意事项		
技能目标	接值长令：#____机辅助蒸汽联箱投运		
	检查调整各阀门位置正确		

续表

内容		评价	
学习目标	评价项目	个人评价	教师评价
技能目标	检查确认辅助蒸汽联箱1号/2号联络电动门已经关闭，挂“禁止操作，有人工作”警告牌		
	检查确认启动锅炉至#____机供汽门关闭，挂“禁止操作，有人工作”警告牌		
	检查关闭启动锅炉来汽电动门		
	检查确认#____机辅助蒸汽联箱疏水总门开启		
	检查确认#____机辅助蒸汽至各用户供汽门关闭		
	检查确认#____机辅助蒸汽至炉侧供汽电动门关闭		
	检查确认#____机辅助蒸汽联箱至无压疏水门开启，至疏扩疏水门关闭		
	开启启动锅炉至#____辅助蒸汽联箱供汽管道各排地沟疏水门		
	启动锅炉起压后，逐渐关闭沿途疏水，暖管至启动锅炉来汽电动门前		
	稍开启动锅炉至#____机辅助蒸汽联箱供汽门，对#____机辅助蒸汽联箱及管道进行暖管暖箱		
	辅助蒸汽联箱充分暖管，温度升至200℃后，提高辅助蒸汽联箱压力至0.2MPa		
	当辅助蒸汽联箱温度升至300℃后，逐渐全开启动锅炉来汽门		
	随着启动锅炉升温升压，检查#____机辅助蒸汽母管参数应逐渐升高至正常参数，辅助蒸汽压力____MPa，温度____℃。并严密注意#____机辅助蒸汽联箱应不起压		
	确认#____机凝汽器真空达67kPa以上，关闭辅助蒸汽系统至无压疏水门，开启辅助蒸汽系统至疏扩疏水器前、后隔离门，将疏水倒入凝汽器		
	根据需要投入#____机辅助蒸汽系统用户		
	操作完毕，汇报值长		
素质目标	沟通能力		
	团队合作能力		
	方法创新能力		
	突发事件处理能力		
改进要求			

六、课后练习

（1）简述辅助蒸汽系统的工艺流程。

（2）制订辅助蒸汽系统启动的操作票。

（3）利用仿真平台训练辅助蒸汽系统的启动操作。

工作任务四　汽轮机油系统投运

工作子任务一　润滑油系统投运

资源库19_润滑油系统投运

资源库20_顶轴油系统投运

润滑油系统的主要作用是向汽轮发电机组的各轴承和盘车装置提供合格的润滑、冷却用油，通过顶轴油泵向有关轴承提供顶轴用油。另外，还向发电机密封油系统提供密封用油。

一、任务描述

按规程进行各阀门开、关操作。

完成润滑油系统的启动。

二、任务分析

这项任务需要按顺序进行阀门的开关操作，完成润滑油系统的启动（以660MW机组为例，其他各类型机组参照执行）。为此，需要严格按照操作票规定的顺序，逐项完成。润滑油系统投运操作票见表1-4-1。

表1-4-1　润滑油系统投运操作票

操作任务：#____机润滑油系统投运		
操作开始时间：　年　月　日　时　分	操作结束时间：　年　月　日　时　分	
顺序	危险因素预控项目	执行
1	在主油箱上工作时小心谨慎，防止滑倒	
2	油质不合格严禁系统投入	
3	冷油器投运时，应充分排气，防止管道振动	
顺序	操作项目	执行
1	确认主油箱油温在20℃以上，启动一台主油箱排烟风机，检查电机温度、振动和声音均正常	
2	调整排烟风机出口阀，维持主油箱为微负压（－500～－300Pa）	
3	另一台排烟风机投入连锁	
4	在DCS启动高压启动油泵、交流润滑油泵，检查电机温度、振动和声音均正常	
5	若主油箱油温小于20℃，需投入主油箱电加热器，以提高油温	
6	确认润滑油压力在0.176MPa左右，检查现场主机油系统各温度、压力表计和DCS上各温度、压力指示正确	
7	开启冷油器冷却水进口门投入冷油器，调整油温为40～45℃（盘车期间油温维持27～40℃）	
8	润滑油温度控制阀投入“自动”	
9	确认各油泵，润滑油系统管路无泄漏，汽轮发电机各轴承回油正常	
10	试转直流油泵正常后停止	

续表

顺序	操 作 项 目	执行
11	确认顶轴油入口油压大于 0.03MPa	
12	顶轴油系统阀门已检查处于正常开启位置	
13	启动一台顶轴油泵，检查振动、出口压力正常，系统无泄漏，顶轴油母管压力 12～16MPa（溢流阀整定值 20MPa）	
14	检查各轴承顶轴油压指示正常	
15	操作完毕，汇报值长	
备注：		
操作人：	值班负责人：　　　　　　　值长：	

三、 相关知识

1. 润滑油系统的工艺流程

润滑油系统的工艺流程如图 1-4-1 所示。汽轮机润滑油系统由主油泵、射油器（或油涡轮）、辅助油泵（包括高压启动油泵、交流润滑油泵、直流事故油泵）、主油箱和溢油阀、冷油器、顶轴油泵、排烟风机、阀门和油管路等组成。供油系统普遍采用集装式供油方式，将辅助油泵集中布置在油箱顶上，且油管路采用套装管路（系统回油管道作为外管，其他供油管安装在回油管内部）。

资源库 21_润滑油系统流程

资源库 22_顶轴油系统流程

2. 启动前检查

（1）检查确认润滑油系统、发电机密封油系统检修工作全部结束，工作票终结，现场整洁，系统管道、设备处于良好状态。

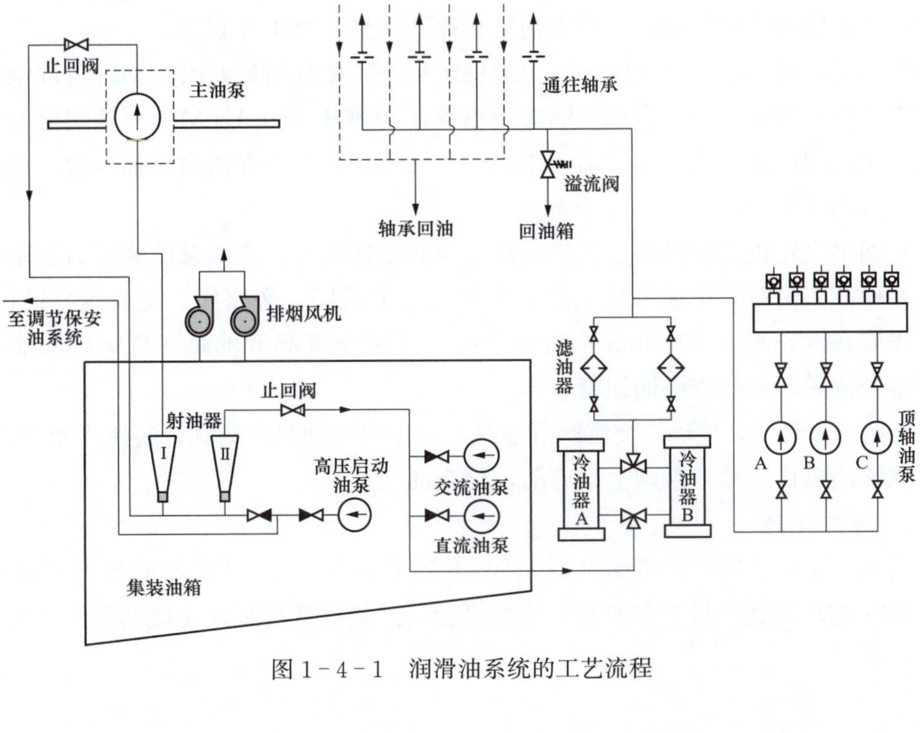

图 1-4-1　润滑油系统的工艺流程

（2）检查所有仪表齐全，各压力表入口阀开启，确认所有表计投入正常。

（3）启动前试验完成且合格。

（4）气动、电动阀电源和气源已送，动作灵活且无卡涩现象。

（5）按启动操作卡进行检查，确认有关设备及阀门均在启动前状态。

（6）确认冷油器切换阀在一侧位置并锁定，冷油器冷却水备用良好。

（7）确认发电机密封油系统已具备投运条件，密封油系统的氢侧回油扩大槽、浮子油箱、空气抽出槽回路畅通，润滑油至密封油供油阀关闭。

（8）确认系统所有的放油阀、放水阀均关闭。

（9）确认主油箱油位正常，油质合格，底部无积水。

（10）检测交流润滑油泵、高压启动油泵和直流事故油泵电机绝缘合格后送电。

3. 盘车装置的启动

（1）新安装或大修后的机组第一次启动盘车前应手动连续盘车确认主机无异常。

（2）汽轮机冲转前至少投入连续盘车 4h。

（3）盘车装置必须在润滑油系统、顶轴油系统、密封油系统投运正常后方可启动。

（4）确认汽轮机冷油器出口油温 27℃，汽轮机盘车启动许可条件具备。

（5）启动盘车装置，就地确认盘车喷油电磁阀开启，啮合正常，盘车装置正常运行，转速 1.5r/min。

（6）记录盘车启动时间、盘车电流、转子偏心度并倾听机内声音正常。

4. 汽轮机启、停过程中相关操作

（1）当机组转速大于 2500r/min 时，顶轴油泵应停止运行，选择其中一台备用。

（2）当机组转速达到 2850r/min 时，主油泵出口油压将达到或超过交流启动油泵出口压力，随着转速继续增加，注意主油泵将逐渐达到正常工作状态。

（3）当机组转速达到 3000r/min 定速稳定后，不做任何试验时，检查各部油压正常后，停交流润滑油泵，并注意检查润滑油母管压力不小于 0.176MPa。若润滑油压下降较多时，交流润滑油泵应自动启动，否则应手动启动。在停交流启动油泵时，注意主油泵出、入口油压变化。

（4）如果汽轮机首次投运、大修后投运或润滑油压力、主油泵供油压力达不到要求时，需要检修人员对装在油涡轮上的三个阀门（节流阀、旁路阀、溢流阀）进行调整，调整过程应在汽轮机 3000r/min 运行稳定时，停运交流润滑油泵、高压启动油泵前完成。调整合适后，应检查手柄锁紧。

（5）机组停运时，应确认交流润滑油泵、高压启动油泵自启动，转速降至 2500r/min 应确认顶轴油泵自启动，否则手动启动，检查油压正常。

四、 完成任务

登录 660MW 超超临界机组（330MW 亚临界机组、350MW 超临界循环流化床机组、50MW 循环流化床母管制机组）系统平台，严格按规范程序完成润滑油系统的启动工作。

五、 任务评价

根据工作任务的完成情况，对照评价项目和技术标准规范，逐项评价，确定技能水平和改进的要求。润滑油系统投运评价表见表 1－4－2。

表 1－4－2　　润滑油系统投运评价表

内　容		评　价	
学习目标	评　价　项　目	个人评价	教师评价
知识目标	描述润滑油系统的工艺流程		
	防止润滑油超温超压		
	说出启动前检查的注意事项		
技能目标	确认主油箱油温在 20℃以上，启动一台主油箱排烟风机，检查电机温度、振动和声音均正常		
	调整排烟风机出口阀，维持主油箱微负压（－500～－300Pa）		
	另一台排烟风机投入连锁		
	在 DCS 启动高压启动油泵、交流润滑油泵，检查电机温度、振动和声音均正常		
	若主油箱油温小于 20℃，需投入主油箱电加热器，以提高油温		
	确认润滑油压力在 0.176MPa 左右，检查现场主机油系统各温度、压力表计和 DCS 上各温度、压力指示正确		
	开启冷油器冷却水进口门投入冷油器，调整油温为 40～45℃（盘车期间油温维持 27～40℃）		
	润滑油温度控制阀投入“自动”		
	确认各油泵，润滑油系统管路无泄漏，汽轮发电机各轴承回油正常		
	试转直流事故油泵正常后停止		
	确认顶轴油入口油压大于 0.03MPa		
	顶轴油系统阀门已检查处于正常开启位置		
	启动一台顶轴油泵，检查振动、出口压力正常、系统无泄漏，顶轴油母管压力为 12～16MPa（溢流阀整定值 20MPa）		
	检查各轴承顶轴油压指示正常		
	操作完毕，汇报值长		
素质目标	沟通能力		
	团队合作能力		
	方法创新能力		
	突发事件处理能力		
改进要求			

六、 课后练习

（1）描述汽轮机润滑油投运前的注意事项。

（2）制订润滑油系统启动的操作票。

（3）利用仿真平台训练润滑油系统的启动操作。

工作子任务二 EH 油系统投运

资源库 23_EH 油系统投运

EH 油系统（即高压抗燃油系统）用来向汽轮机的调节、保安系统提供液压（控制）油，以驱动调速汽门和主汽门动作。它是汽轮机 DEH 系统的有机组成部分，主要用于高参数大容量机组。对于小容量机组，控制油与润滑油共用一个油系统，只是油压高低不同。

一、任务描述

按规程进行各阀门开、关操作。

完成启动 EH 油系统操作。

二、任务分析

这项任务需要按顺序进行阀门的开关操作，完成 EH 油系统的启动（以 660MW 机组为例，其他各类型机组参照执行）。为此，需要严格按照操作票规定的顺序，逐项完成。EH 油系统投运操作票见表 1-4-3。

表 1-4-3 EH 油系统投运操作票

操作任务：#____机 EH 油系统投运		
操作开始时间　　年　月　日　时　分	操作结束时间	年　月　日　时　分
顺序	危险因素预控项目	执行
1	系统启动前应确保油质合格	
2	检查系统所有放油门关闭	
3	因油泵变量执行机构整定不当，造成油压低，应联系检修重新调整油泵变量执行机构，保持油压正常	
4	防止油温过低油泵过载	
顺序	操　作　项　目	执行
1	接值长令：#____机 EH 油投运	
2	检查 EH 油系统检修工作全部结束，工作票终结，现场整洁，系统管道、设备处于备用状态	
3	检查 EH 油系统各阀门位置正确	
4	确认所有仪表齐全、完好，各表计一次门开启，联系热工将所有表计和阀门电源、气源投入	
5	开启#____EH 油泵进口门	
6	开启#____EH 油泵进口门	
7	开启#____EH 油泵出口门	
8	开启#____EH 油泵出口门	
9	开启#____油泵出口母管再循环门	

续表

顺序	操 作 项 目	执行
10	开启 EH 油出口各蓄能器进油门	
11	关闭 EH 油出口各蓄能器放油门	
12	开启＃____EH 油循环泵进口门	
13	开启＃____EH 油循环泵进口门	
14	开启＃____EH 油再生装置进口门	
15	开启＃____EH 油冷却器油侧进、出口门	
16	开启＃____EH 油冷却器冷却水进、出口门	
17	开启闭冷水至 EH 油冷却水进、回水总门	
18	检查＃____机右侧高压主汽阀进油手动门开启	
19	检查＃____机左侧高压调阀进油滤网前、后手动门开启，旁路门关闭	
20	检查＃____机右侧高压调阀进油滤网前、后手动门开启，旁路门关闭	
21	检查＃____机左侧中压调阀进油滤网前、后手动门开启，旁路门关闭	
22	检查＃____机右侧中压调阀进油滤网前、后手动门开启，旁路门关闭	
23	确认各电机绝缘合格，电源送上	
24	确认 EH 油系统连锁、保护试验正常	
25	检查＃____机 EH 油箱油位正常____mm	
26	联系化学化验 EH 油油质合格	
27	检查闭式水系统已投入运行	
28	检查油温不低于 20℃，否则投入电加热器，启动____EH 油循环泵运行	
29	投入再生装置运行，检查差压正常，系统运行正常，无泄漏现象	
30	EH 油冷却器注油排空气，油温＞38℃后，投运冷却器水侧	
31	系统检查正常后将____EH 油循环泵投备用	
32	检查____EH 油泵具备启动条件	
33	启动____EH 油泵运行，电流____A	
34	检查____EH 油泵启动正常，EH 系统油压____MPa，无泄漏现象	
35	检查蓄能器 EH 油压力正常、EH 油泵出口滤网差压不报警	
36	将____EH 油泵投入连锁备用	
37	抗燃油箱油位：____mm； 抗燃油母管压力：____MPa	
38	操作完毕，汇报值长	
备注：		
操作人：	值班负责人：	值长：

三、相关知识

资源库 24_EH 油系统流程

1. 高压抗燃油简介

高压抗燃油是一种三芳基磷酸脂型的合成油，它具有良好的抗燃性和流体稳定性，自燃点高达 665℃，因此当高压抗燃油泄漏到高温部件时不会引起火灾。但由于高压抗燃油价格贵，且具有一定的毒性和腐蚀性，因此不宜在润滑系统内使用，而专门用于大容量机组的 EH 油系统。

2. EH 油系统启动前的检查

（1）汽轮机 EH 油系统检修工作全部结束，工作票终结，现场整洁，系统管道、设备处于良好状态。

（2）检查系统中各阀门位置正确。

（3）确认各仪表及各压力开关投入正常。

（4）盘动 EH 油泵、EH 油再循环泵至少两圈以上，无卡涩现象。

（5）测各油泵电机绝缘合格后送电。

（6）检查 EH 油箱油位正常，油质合格。

（7）EH 油系统高压蓄能器已充氮压力至 10.0MPa。

（8）确认 EH 油系统各项连锁保护试验合格。

（9）检查闭式冷却水系统运行正常。

（10）按照启动检查卡检查 EH 油系统各阀门符合启动前状态。

3. EH 油系统停止

（1）机组停机后且小汽轮机已停运可停运 EH 油系统。

（2）确认 EH 油箱电加热退出，EH 油冷却器冷却水已切除。断开备用 EH 油泵连锁开关，停 EH 油泵，查停运泵电流是否至零，系统压力降低。

（3）EH 油循环泵及再生装置根据油质情况停止。停机时间超过一周时，应投入运行 4h。

四、完成任务

登录 660MW 超超临界机组（330MW 亚临界机组、350MW 超临界循环流化床机组、50MW 循环流化床母管制机组）系统平台，严格按规范巡检程序完成 EH 油系统的启动工作。

五、任务评价

根据工作任务的完成情况，对照评价项目和技术标准规范，逐项评价，确定技能水平和改进的要求。EH 油系统投运评价表见表 1-4-4。

表 1-4-4　　EH 油系统投运评价表

内容		评价	
学习目标	评价项目	个人评价	教师评价
知识目标	描述 EH 油系统的概述		
	描述启动 EH 油系统危险因素预控		

续表

内　　容		评　　价	
学习目标	评　价　项　目	个人评价	教师评价
技能目标	接值长令：#____机 EH 油投运		
	检查 EH 油系统检修工作全部结束，工作票终结，现场整洁，系统管道、设备处于备用状态		
	检查 EH 油系统各阀门位置正确		
	确认所有仪表齐全、完好，各表计一次门开启，联系热工将所有表计和阀门电源、气源投入		
	开启#____EH 油泵进口门		
	开启#____EH 油泵进口门		
	开启#____EH 油泵出口门		
	开启#____EH 油泵出口门		
	开启____油泵出口母管再循环门		
	开启 EH 油出口各蓄能器进油门		
	关闭 EH 油出口各蓄能器放油门		
	开启#____EH 油循环泵进口门		
	开启#____EH 油循环泵进口门		
	开启#____EH 油再生装置进口门		
	开启#____EH 油冷却器油侧进、出口门		
	开启#____EH 油冷却器冷却水进、出口门		
	开启闭冷水至 EH 油冷却水进、回水总门		
	检查#____机右侧高压主汽阀进油手动门开启		
	检查#____机左侧高压调阀进油滤网前、后手动门开启，旁路门关闭		
	检查#____机右侧高压调阀进油滤网前、后手动门开启，旁路门关闭		
	检查#____机左侧中压调阀进油滤网前、后手动门开启，旁路门关闭		
	检查#____机右侧中压调阀进油滤网前、后手动门开启，旁路门关闭		
	确认各电机绝缘合格，电源送上		
	确认 EH 油系统连锁、保护试验正常		
	检查#____机 EH 油箱油位正常____mm		
	联系化学化验 EH 油油质合格		
	检查闭式水系统已投入运行		
	检查油温不低于 20℃，否则投入电加热器，启动____EH 油循环泵运行		

续表

内容		评价	
学习目标	评价项目	个人评价	教师评价
技能目标	投入再生装置运行，检查差压正常，系统运行正常，无泄漏现象		
	EH 油冷却器注油排空气，油温>38℃后，投运冷却器水侧		
	系统检查正常后将____EH 油循环泵投备用		
	检查____EH 油泵具备启动条件		
	启动____EH 油泵运行，电流____A		
	检查____EH 油泵启动正常，EH 系统油压____MPa，无泄漏现象		
	检查蓄能器 EH 油压力正常、EH 油泵出口滤网差压不报警		
	将____EH 油泵投入连锁备用		
	抗燃油箱油位：____mm； 抗燃油母管压力：____MPa		
	操作完毕，汇报值长		
素质目标	沟通能力		
	团队合作能力		
	方法创新能力		
	突发事件处理能力		
改进要求			

六、课后练习

（1）制订 EH 油系统启动的操作票。

（2）描述 EH 油泵启动过程。

工作任务五　发电机密封油及冷却系统投运

工作子任务一　发电机密封油系统投运

为防止机外空气漏入发电机内部和机内氢气漏到发电机外部，所有氢冷发电机都装有“油密封”装置。发电机的密封油系统用来向“油密封”装置提供密封油。在“油密封”装置中，密封油除了起密封作用外，也起冷却和润滑密封瓦的作用。

一、任务描述

按规程进行各阀门开、关操作。

完成密封油系统的启动操作。

资源库 25_密封油系统投运

二、任务分析

这项任务需要按顺序进行阀门的开关操作，完成发电机密封油系统的启动（以 660MW 机组为例，其他各类型机组参照执行）。为此，需要严格按照操作票规定的顺序，逐项完成。发电机密封油系统启动操作票见表 1-5-1。

表 1-5-1 发电机密封油系统启动操作票

操作任务：#____机密封油系统启动操作票		
操作开始时间 年 月 日 时 分	操作结束时间 年 月 日 时 分	
顺序	危险因素预控项目	执行
1	防止发电机进油，同时防止发电机内氢气外泄	
2	操作过程中注意主机油系统油压、油位变化	
顺序	操 作 项 目	执行
1	接值长令：#____密封油系统启动	
2	检查并确认主机润滑油系统、闭冷水系统运行正常	
3	开启密封油直流油泵进口手动门	
4	开启密封油 A 交流油泵进口手动门	
5	开启密封油 B 交流油泵进口手动门	
6	开启密封油循环油泵进口手动门	
7	检查密封油箱真空泵油气分离器补油至正常	
8	开启密封油直流油泵出口手动门	
9	开启密封油再循环油泵出口手动门	
10	开启密封油 A 交流油泵出口手动门	
11	开启密封油 B 交流油泵出口手动门	
12	根据母管压力调节密封油再循环手动门开度	
13	开启空气抽出槽 1、2 号排烟风机进口门，启动____空气抽出槽排烟风机，检查风机运行正常保持入口负压−50～−25mm 高度水柱的压力	
14	启动密封油真空泵，缓慢开启密封油箱真空泵进口手动门，检查密封油箱真空正常建立	
15	在 DCS 上启动____交流密封油泵，检查____密封油泵启动正常，出口油压正常	
16	调节差压阀旁路阀，保持发电机油侧与气侧差压正常（发电机内气体压力很低时，可保持在 0.036～0.056MPa）	
17	待发电机内气体压力超过 0.05MPa，开启浮子油箱进、出口手动门，关闭浮子油箱旁路门，浮子油箱由旁路切为主路运行	
18	在 DCS 上启动密封油再循环油泵，检查密封油再循环油泵工作正常	
19	投入交流密封油泵连锁开关	
20	启动直流密封油泵，检查正常后停运，投入连锁开关	
21	操作完毕，汇报值长	
备注：		
操作人：	值班负责人：	值长：

三、相关知识

1. 发电机密封油系统的工艺流程

发电机密封油系统的工艺流程如图 1-5-1 所示。

资源库 26_密封油系统流程

2. 密封油系统的组成

由于密封瓦的结构不同，密封油系统有两种供油方式：单回路供油方式（单流环式）和双回路供油方式。

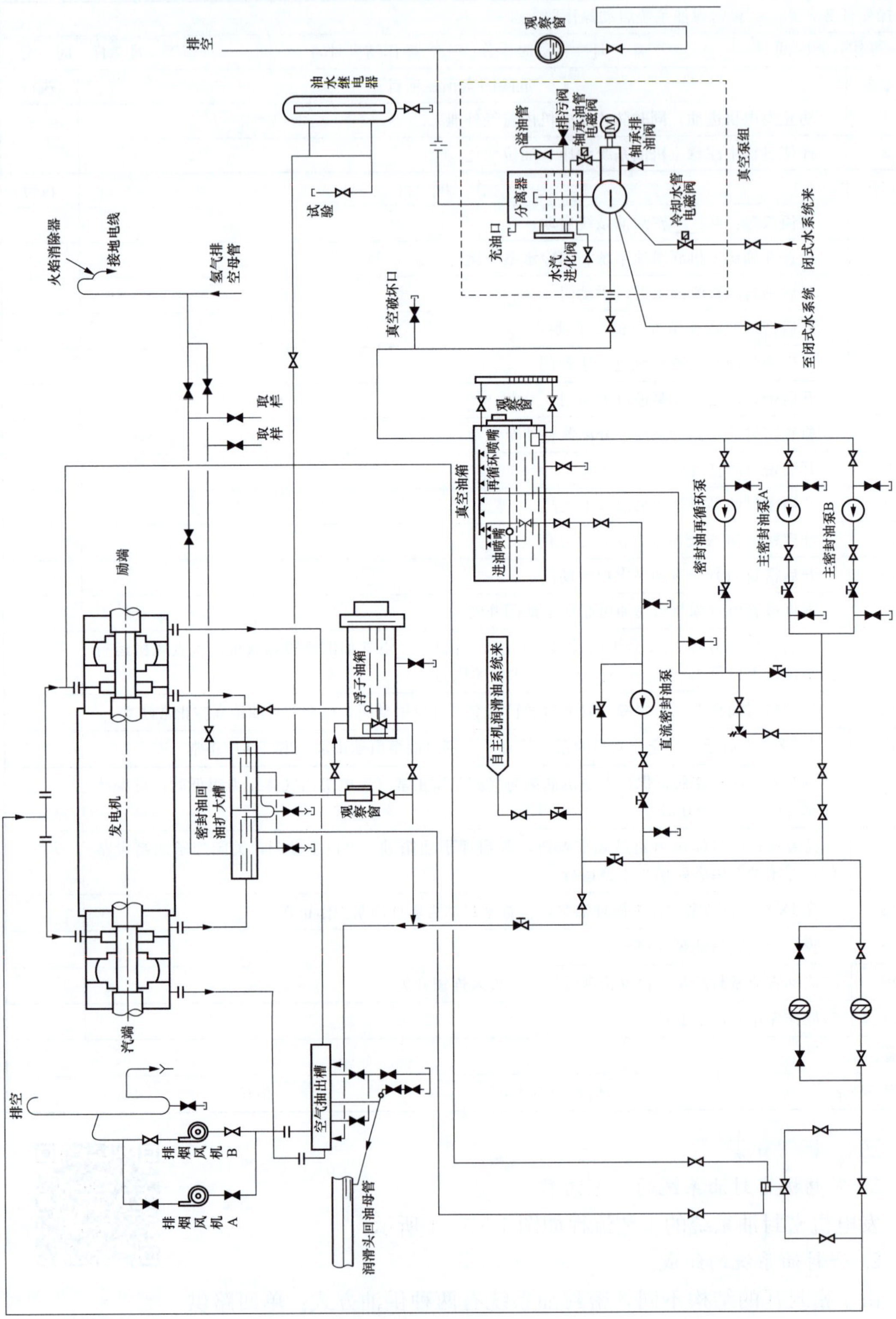

图1-5-1　发电机密封油系统的工艺流程

单流环式密封油系统主要包括密封油供油控制装置（含真空油箱和真空泵）、氢侧回油扩大槽和浮子油箱、空气侧抽出槽及排烟风机、轴承回油管路上的观察窗和测温元件等附件。

氢侧回油扩大槽将来自密封油环的排油在此槽内扩容，以使含有氢气的回油能分离出氢气。扩大槽里面有一个横向隔板，把油槽分成两个隔间，之间可通过外侧的 U 形管连接，目的是防止因发电机两端之间的风机压差而导致气体在密封油排泄管中进行循环，当扩大槽内油位升高超过预定值时发出报警信号。

浮子油箱的作用是使油中的氢气进一步分离。浮子油箱内部装有自动控制油位的浮球阀，外部装有手动旁路阀及液位视察窗，以便必要时人工操作控制油位。运行时应密切监视，以油位保持在液位信号器的中间位置为准。油位过高可能导致氢侧排油满溢流进发电机内；油位过低则有可能使管路油封段遭到破坏，导致氢气大量外泄，漏进空气抽出槽，发电机内氢压可能急剧下降。

密封油扩大槽应尽量靠近发电机底部安装，它应比空气抽出槽的标高至少高出 380mm，而空气抽出槽的安装标高应高于润滑油回油管至少 30mm。浮子油箱安装高程：一是必须低于扩大槽，以便扩大槽中的油能自然流进浮子油箱；二是要尽可能接近空气抽出槽，以便浮子油箱中排出的油能顺利流回空气抽出槽内；三是必须考虑检修操作方便。

四、完成任务

登录 660MW 超超临界机组（含 330MW 亚临界机组、350MW 超临界循环流化床机组、50MW 循环流化床母管制机组）系统平台，严格按规范巡检程序完成发电机密封油系统的启动工作。

五、任务评价

根据工作任务的完成情况，对照评价项目和技术标准规范，逐项评价，确定技能水平和改进的要求。发电机密封油系统启动评价表见表 1－5－2。

表 1－5－2　　发电机密封油系统启动评价表

内容		评价	
学习目标	评价项目	个人评价	教师评价
知识目标	熟悉发电机密封油系统的工艺流程		
	说出密封油系统的运行方式		
	说出密封油系统的组成		
技能目标	接值长令：#____密封油系统启动		
	检查并确认主机润滑油系统、闭冷水系统运行正常		
	开启密封油直流油泵进口手动门		
	开启密封油 A 交流油泵进口手动门		
	开启密封油 B 交流油泵进口手动门		
	开启密封油循环油泵进口手动门		

续表

内　容		评　价	
学习目标	评　价　项　目	个人评价	教师评价
技能目标	检查密封油箱真空泵油气分离器补油至正常		
	开启密封油直流油泵出口手动门		
	开启密封油再循环油泵出口手动门		
	开启密封油 A 交流油泵出口手动门		
	开启密封油 B 交流油泵出口手动门		
	根据母管压力调节密封油再循环手动门开度		
	开启空气抽出槽 1、2 号排烟风机进口门，启动____空气抽出槽排烟风机，检查风机运行正常保持入口负压－50～－25mm 高度水柱的压力		
	启动密封油真空泵，缓慢开启密封油箱真空泵进口手动门，检查密封油箱真空正常建立		
	在 DCS 上启动____交流密封油泵，检查____密封油泵启动正常，出口油压正常		
	调节差压阀旁路阀，保持发电机油侧与气侧差压正常（发电机内气体压力很低时，可保持在 0.036～0.056MPa）		
	待发电机内气体压力超过 0.05MPa，开启浮子油箱进、出口手动门，关闭浮子油箱旁路门，浮子油箱由旁路切为主路运行		
	在 DCS 上启动密封油再循环油泵，检查密封油再循环油泵工作正常		
	投入交流密封油泵连锁开关		
	启动直流密封油泵，检查正常后停运，投入连锁开关		
	操作完毕，汇报值长		
素质目标	沟通能力		
	团队合作能力		
	方法创新能力		
	突发事件处理能力		
改进要求			

六、课后练习

（1）简述发电机密封油系统的工艺流程。

（2）制订发电机密封油系统启动的操作票。

（3）利用仿真平台训练发电机密封油系统的启动操作。

工作子任务二　发电机氢气系统投运

发电机氢气系统是为了保证氢冷发电机正常运行而设置的氢气供应系统。功能包括：通过气体置换给发电机充氢或排氢；对机内氢气压力、温度、纯度进行检测、控制和超限报警；对吸热后的氢气进行冷却降温；对发电机进行氢气补充；对绕组绝缘过热情况进行检测报警；对机内漏水情况进行检测报警；对机内氢气进行干燥处理。

资源库 27_氢气系统投运

一、 任务描述

按规程进行各阀门开、关操作。

完成＃____机氢气干燥器二氧化碳置换吹扫操作。

二、 任务分析

该任务需要按顺序进行阀门的开关操作，完成发电机氢气系统的启动（以 660MW 机组为例，其他各类型机组参照执行）。为此，需要严格按照操作票规定的顺序，逐项完成。发电机氢气系统投运操作票见表 1－5－3。

表 1－5－3　　＃____机发电机氢气系统投运操作票

操作任务：＃____机发电机氢气系统投运		
操作开始时间　　年　月　日　时　分	操作结束时间	年　月　日　时　分
顺序	危险因素预控项目	执行
1	在气体置换过程中，发电机必须用 CO_2 或 N_2 作为中间介质，严禁空气、氢气直接接触进行置换	
2	发电机内充满氢气时，必须有密封油密封，维持氢油差压正常	
3	充氢设备 10m 内严禁明火	
4	在发电机内充氢运行时，机组润滑油系统及空侧油排烟风机必须投入运行	
顺序	操　作　项　目	执行
1	接值长令＃____机发电机氢气系统投运	
2	检查确认发电机氢气系统检修工作结束，工作票终结，安全措施拆除	
3	检查有关表计和报警装置经校验、试验合格，发电机风压试验合格	
4	检查机房内动火工作已结束，发电机及氢系统附近无明火	
5	检查压缩空气至供氢管路阀门关闭	
6	检查密封油系统应可靠运行，油氢压差维持在（0.084±0.01）MPa，密封油排烟风机和润滑油排烟风机运行正常	
7	打开发电机排气总门和发电机排氢门，打开 CO_2 至发电机供气门，投入 CO_2 加热装置，用 CO_2 置换空气	
8	CO_2 置换空气结束后，关闭 CO_2 至发电机供气门，关闭发电机排氢门，退出 CO_2 加热装置	
9	检查确认机内 CO_2 纯度达 85%以上，发电机内压力 0.02～0.04MPa	
10	联系制氢站，发电机准备充氢	
11	开启氢气纯度监测仪底部取样门，关闭上部取样门，开启氢站来气门	
12	开启充氢调节阀前截门，调节阀后截门、发电机充氢总门，调整供氢一级减压阀后压力达 1.0MPa，调整供氢二级减压阀后压力达 0.2MPa	
13	开启发电机排 CO_2 门，调节使机内气压保持 0.02～0.04MPa，注意发电机密封油压正常	
14	联系化学化验人员，确认发电机机内氢气纯度达 95%以上	
15	开启各检漏计底部排污门、发电机局部过热监视器排放门、纯度风扇进出口排放门、氢气干燥器排放门以及管道排污门排污 5min	

续表

顺序	操 作 项 目	执行
16	当机内氢纯度达 98%及以上时，关闭发电机排 CO_2 门及发电机排气总门	
17	稳定 30min，氢纯度仍达 98%以上，经连续三次取样合格后提升发电机氢压	
18	充氢升压到 0.25MPa，可投入发电机氢冷器冷却水侧	
19	逐渐提高机内氢压至 0.3MPa	
20	关闭充氢压力调节阀前截门，调节阀后截门、充氢压力调节阀旁路门、关闭发电机充氢总门、关闭制氢站来氢总门，充氢结束后，检查密封油系统运行正常	
21	根据情况投入发电机氢冷器，调节氢温正常	
22	操作完毕，汇报值长	
备注：		
操作人：	值班负责人：	值长：

三、相关知识

1. 氢气系统的工艺流程

资源库 28_氢气系统流程

氢气系统的组成及流程见图 1－5－2，系统主要由氢站的高压储氢罐、备用氢瓶、置换用的 CO_2 钢瓶、氢气干燥器、氢气减压器、氢气过滤器、纯度分析器、液体探测、氢气露点（湿度）仪组成。其功能是向发电机转子绕组和定子铁芯提供适当压力、高纯度的冷却用氢，同时还要完成对氢气的冷却、干燥及检测。

氢气用双母管从制氢站引至气体控制站，先经过滤器滤出固态杂质，然后经气体干燥器脱出水分后送入发电机。

2. 气体置换

当发电机内是空气（或氢气）时，禁止直接向机内充入氢气（或空气），以避免机内形成具有爆炸浓度的空气、氢气混合气体，为此发电机及氢气管路系统必须进行气体置换。发电机气体系统，密封油系统安装（或检修）完毕，经气密试验合格和发电机绝缘测试合格后，方可进行气体置换。气体置换采用中间介质置换法，即利用惰性气体（一般用二氧化碳气体或氮气）驱赶发电机内的空气（或氢气），然后又用氢气（或空气）驱赶惰性气体，使发电机内气体置换过程中空气、氢气不直接接触，因而不会形成具有爆炸浓度的空气、氢气混合气体。

四、完成任务

登录 660MW 超超临界机组（含 330MW 亚临界机组、350MW 超临界循环流化床机组、50MW 循环流化床母管制机组）系统平台，严格按规范巡检程序完成发电机氢气系统的启动工作。

五、任务评价

根据工作任务的完成情况，对照评价项目和技术标准规范，逐项评价，确定技能水平和改进的要求。发电机氢气系统投运评价表见表 1－5－4。

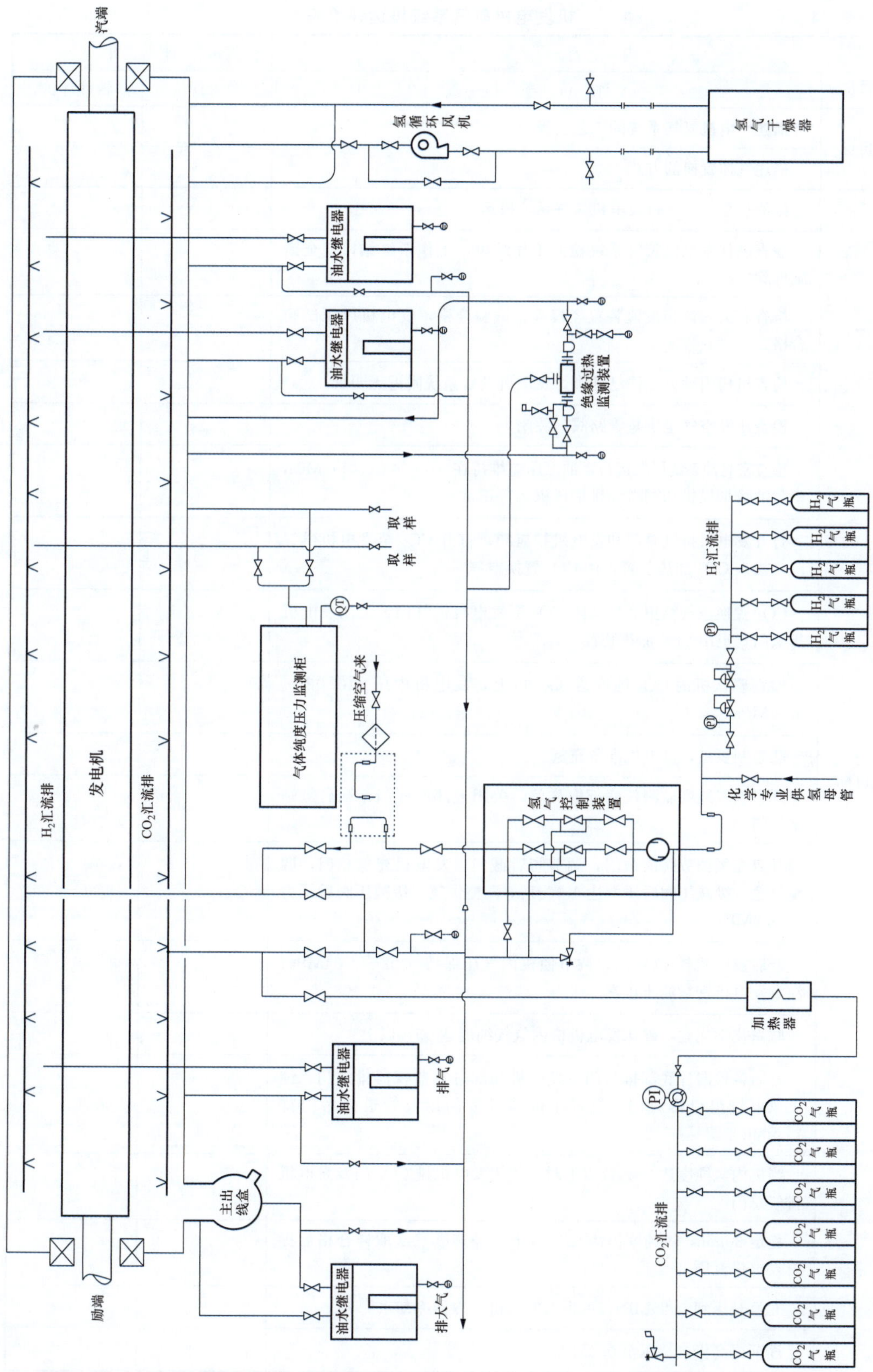

图1-5-2　氢气系统的组成及流程

表 1-5-4　　#____机发电机氢气系统投运评价表

内容		评价	
学习目标	评价项目	个人评价	教师评价
知识目标	描述发电机氢气系统的工艺流程		
	描述气体置换的方式		
技能目标	接值长令#____机发电机氢气系统投运		
	检查确认发电机氢气系统检修工作结束，工作票终结，安全措施拆除		
	检查有关表计和报警装置经校验、试验合格，发电机风压试验合格		
	检查机房内动火工作已结束，发电机及氢系统附近无明火		
	检查压缩空气至供氢管路阀门关闭		
	检查密封油系统可靠运行，油氢压差维持在（0.084±0.01）MPa，密封油排烟风机和润滑油排烟风机运行正常		
	打开发电机排气总门和发电机排氢门，打开 CO_2 至发电机供气门，投入 CO_2 加热装置，用 CO_2 置换空气		
	CO_2 置换空气结束后，关闭 CO_2 至发电机供气门，关闭发电机排氢门，退出 CO_2 加热装置		
	检查确认机内 CO_2 纯度达 85%以上，发电机内压力 0.02～0.04MPa		
	联系制氢站，发电机准备充氢		
	开启氢气纯度监测仪底部取样门，关闭上部取样门，开启氢站来气门		
	开启充氢调节阀前截门，调节阀后截门、发电机充氢总门，调整供氢一级减压阀后压力达 1.0MPa，调整供氢二级减压阀后压力达 0.2MPa		
	开启发电机排 CO_2 门，调节使机内气压保持 0.02～0.04MPa，注意发电机密封油压正常		
	联系化学化验，确认发电机机内氢气纯度达 95%以上		
	开启各检漏计底部排污门、发电机局部过热监视器排放门、纯度风扇进出口排放门、氢气干燥器排放门以及管道排污门排污 5min		
	当机内氢纯度达 98%及以上时，关闭发电机排 CO_2 门及发电机排气总门		
	稳定 30min，氢纯度仍达 98%以上，经连续三次取样合格后提升发电机氢压		
	充氢升压到 0.25MPa，可投入发电机氢冷器冷却水侧		
	逐渐提高机内氢压至 0.3MPa		

续表

内　　容		评　　价	
学习目标	评　价　项　目	个人评价	教师评价
技能目标	关闭充氢压力调节阀前截门，调节阀后截门、充氢压力调节阀旁路门、关闭发电机充氢总门、关闭制氢站来氢总门，充氢结束后，检查密封油系统运行正常		
	根据情况投入发电机氢冷器，调节氢温正常		
	操作完毕，汇报值长		
素质目标	沟通能力		
	团队合作能力		
	方法创新能力		
	突发事件处理能力		
改进要求			

六、课后练习

（1）制订＃____机发电机氢气系统投运操作票。

（2）具体描述＃____机发电机氢气系统气体置换方式。

（3）描述发电机氢气系统的工艺流程。

工作子任务三　发电机定子冷却水系统投运

定子冷却水系统用来向发电机定子绕组不间断提供冷却水，并监视水温、水压、流量和电导率等参数。系统中设置了自动水温调节器，用于调节定子绕组内冷水进水温度，还设置了离子交换器，用于提高和保持内冷水的水质。

一、任务描述

按规程进行各阀门开、关操作。

完成定子冷却水系统的启动。

二、任务分析

这项任务需要按顺序进行阀门的开关操作，完成发电机定子冷却水系统的启动（以660MW机组为例，其他各类型机组参照执行）。为此，需要严格按照操作票规定的顺序，逐项完成。定子冷却水系统启动操作票见表1－5－5。

资源库29_定子冷却水系统投运

表1－5－5　　定子冷却水系统启动操作票

<table>
<tr><td colspan="4">操作任务：＃____机组定子冷却水系统投入</td></tr>
<tr><td>操作开始时间</td><td>年　月　日　时　分</td><td>操作结束时间</td><td>年　月　日　时　分</td></tr>
<tr><td>顺序</td><td colspan="2">危险因素预控项目</td><td>执行</td></tr>
<tr><td>1</td><td colspan="2">启动定子冷却水泵前应化验定子冷却水水质合格，否则打开定子冷却水箱放水阀排放换水，直至水质合格</td><td></td></tr>
</table>

续表

顺序	操　作　项　目	执行
1	接值长令，＃____机组定子冷却水系统准备启动	
2	检查定子冷却水系统检修工作结束	
3	开启定子冷却水箱补水电磁阀前、后截止阀	
4	关闭定子冷却水箱补水电磁阀旁路阀	
5	检查化学除盐水其他用户隔离	
6	联系化学启动除盐水泵，开启定子冷却水箱补水电磁阀向定子冷却水箱补水	
7	确认定子冷却水箱水位上升	
8	确认定子冷却水箱水位补至正常	
9	开启____定子冷却水泵进、出口门	
10	启动____定子冷却水泵，电流为____A	
11	检查定子冷却水泵出口压力、轴承振动等正常	
12	开启定子冷却水泵出口手动门	
13	缓慢调整定子冷却水压力调节阀，将定子冷却水母管压力调整到 0.6MPa 以上	
14	确认发电机进水压力在____MPa，流量在____t/h 左右	
15	投入定子冷却水压力调节阀自动	
16	投入定子冷却水温度调节阀自动	
17	开启____定子冷却水泵进出口门	
18	投入定子冷却水泵连锁开关	
19	开启____定子冷却水泵进、出口手动阀，检查____定子冷却水泵具备启动条件	
20	投入定子冷却水泵连锁开关	
21	检查确认另一台定子冷却水冷却器定冷水入口手动阀开启、出口手动阀关闭；冷却水入口手动阀关闭，出口手动阀开启，处在备用位置	
22	操作完毕，汇报值长	
备注：		
操作人：　　　　值班负责人：　　　　值长：		

三、相关知识

资源库 30_定子冷却水系统流程

1. 工艺流程

定子绕组冷却水系统为全密闭循环冷却系统（见图 1－5－3），系统中所有管道及定子绕组水接触元件和设备均采用抗蚀材料，主要由两台 100％容量的定子冷却水泵、两台定子冷却器、两台过滤器、一个定子冷却水箱、一台离子交换器与发电机定子绕组组成。定子冷却水由定子水箱经定子冷却水泵升压后，通过定子冷却器将温度控制在规定范围内，经过滤水器滤出机械杂质，然后进入发电机定子绕组及引线。定子绕组的冷却水从发电机侧面下层用管道引向发电机顶部，进入圆形汇水总管，一路进入有绝缘瓷套的导电杆和主引线，另一路经绝缘引水管流入半匝绕组，吸收了这些部位的热量后，再由发电机顶部水管经发电机侧面流入下层，最后通过发电机定子冷却水引出管流入水箱。

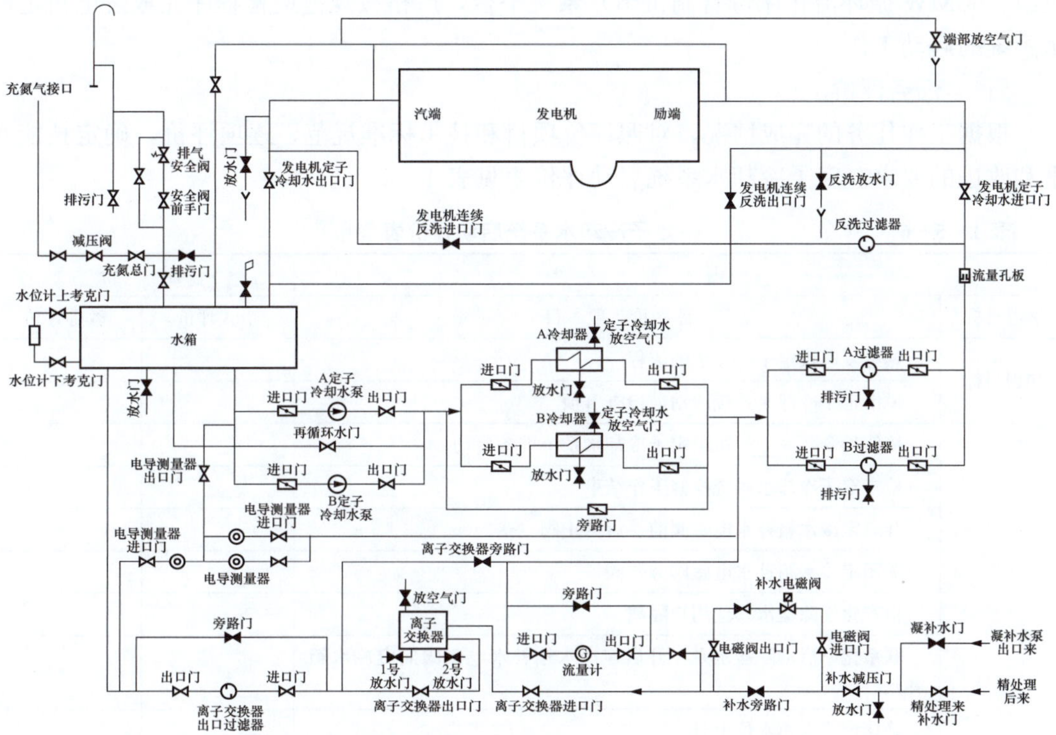

图 1-5-3 发电机定子冷却水系统

2. 发电机定子冷却水系统启动前检查

(1) 确认发电机氢气系统及密封油系统运行正常，确认凝补水泵或凝结水泵运行正常。

(2) 完成离子交换器充水放气工作，待空气放尽后关闭放气阀。

(3) 通过离子交换器对定子冷却水箱进行补放水至水质合格。

(4) 完成对定子冷却泵、定子冷却器的充水放气工作，操作定子冷却器定子冷却水侧在运行状态，定子冷却泵在备用状态。

3. 定子冷却水系统的停运

(1) 若备用定子冷却泵切换，应先手动启动备用泵正常后，再停用原运行泵投入备用，密切注意定子冷却水流量正常。

(2) 机组停用后，根据需要及时停用定子冷却水系统，以防发电机过冷。解除备用定子冷却水泵连锁，停定子冷却水泵。

(3) 根据需要，进行发电机定子冷却水反冲洗。

(4) 发电机长时间停止备用时，应利用压缩空气将绕组内的定子冷却水吹放干净。

(5) 当外界环境温度接近冰点，或发电机需做直流泄漏试验时，应排尽定子绕组内的剩水。

四、完成任务

登录 660MW 超超临界机组（含 330MW 亚临界机组、350MW 超临界循环流化床机组、50MW 循环流化床母管制机组）系统平台，严格按规范巡检程序完成发电机定冷水系统的启动工作。

五、任务评价

根据工作任务的完成情况，对照评价项目和技术标准规范，逐项评价，确定技能水平和改进的要求。定子冷却水系统启动评价表见表 1－5－6。

表 1－5－6　　定子冷却水系统启动评价表

内　容		评　价	
学习目标	评　价　项　目	个人评价	教师评价
知识目标	熟悉发电机定子冷却水的流程		
	说出定子冷却水系统启动前检查事项		
技能目标	接值长令，#____机组定子冷却水系统准备启动		
	检查定子冷却水系统检修工作结束		
	开启定冷水箱补水电磁阀前、后截止阀		
	关闭定冷水箱补水电磁阀旁路阀		
	检查化学除盐水其他用户隔离		
	联系化学启动除盐水泵，开启定冷水箱补水电磁阀向定冷水箱补水		
	确认定冷水箱水位上升		
	确认定冷水箱水位补至正常		
	开启____定冷水泵进、出口门		
	启动____定冷水泵，电流为____A		
	检查定冷水泵出口压力、轴承振动等正常		
	开启定冷水泵出口手动门		
	缓慢调整定冷水压力调节阀，将定子冷却水母管压力调整到 0.6MPa 以上		
	确认发电机进水压力在____MPa，流量在____t/h 左右		
	投入定冷水压力调节阀自动		
	投入定冷水温度调节阀自动		
	开启____定冷水泵进出口门		
	投入定冷水泵连锁开关		
	开启____定冷水泵进、出口手动阀，检查____定冷水泵具备启动条件		
	投入定冷水泵连锁开关		
	检查确认另一台定冷水冷却器定冷水入口手动阀开启、出口手动阀关闭；冷却水入口手动阀关闭，出口手动阀开启，处在备用位置		
	操作完毕，汇报值长		

续表

内　　容		评　　价	
学习目标	评　价　项　目	个人评价	教师评价
素质目标	沟通能力		
	团队合作能力		
	方法创新能力		
	突发事件处理能力		
改进要求			

六、课后练习

（1）简述定子冷却水系统的工艺流程。

（2）制订定子冷却水系统启动的操作票。

（3）利用仿真平台训练定子冷却水系统的启动操作。

工作任务六　凝结水系统投运

凝结水系统的主要功能是将汽轮机凝汽器中的凝结水经凝结水泵抽出并升压，再经精除盐装置除盐、轴封加热器和低压加热器加热后送至除氧器。同时，还向低压旁路、辅助蒸汽系统、轴封蒸汽系统、疏水扩容器等提供减温水，以及向给水泵组及凝结水泵提供密封水。

资源库 31_凝结水系统投运

一、任务描述

检查凝结水系统阀门、仪表、设备送电正常。

按规程进行各阀门开、关操作。

确认凝结水泵启动条件满足。

启动凝结水泵运行。

检查凝结水泵工作正常、冷却水压力正常。

二、任务分析

这项任务需要按顺序进行阀门的开关操作，完成凝结水系统的启动（以 660MW 机组为例，其他各类型机组参照执行）。为此，需要严格按照操作票规定的顺序，逐项完成。凝结水系统启动操作票见表 1－6－1。

表 1－6－1　　凝结水系统启动操作票

操作任务：凝结水系统投运			
操作开始时间	年　月　日　时　分	操作结束时间	年　月　日　时　分
顺序	危险因素预控项目		执行
1	凝结水系统投运时，应检查轴封加热器、各低压加热器汽侧水位不应升高		
2	注意监视凝结水再循环门自动调整正常		
3	凝结水泵启动后出口门不联开，应立即手动开启		

续表

顺序	操 作 项 目	执行
1	确认凝汽器补水正常、凝汽器水位正常、凝结水系统注水正常	
2	凝结水泵各项连锁保护试验合格	
3	凝结水泵电机测绝缘合格送电	
4	确认凝结水系统相关电动门电源正常	
5	开启除盐水至凝结水泵密封水门，检查密封水压力正常（0.3～0.6MPa）	
6	投入凝结水泵机械密封水、轴承冷却水、凝结水泵电机冷却水	
7	开启凝结水泵入口抽空气门。当凝汽器处于真空状态时，应缓慢开启，并监视凝器真空和运行凝结水泵的运行状况	
8	开启凝结水泵进口门	
9	确认凝结水最小流量阀及前后截门开启，5、6号低压加热器水侧进出口门，5、6号低压加热器水侧旁路门在关闭状态	
10	确认凝结水泵所在6kV母线电压正常	
11	凝结水泵启动前检查电机加热器退出	
12	启动凝结水泵，检查出口门联开，凝结水再循环调节门联开，注意电流、振动、声音、出口压力等正常	
13	开启凝结水泵自密封手动门	
14	联系化学投入凝结水系统加药	
15	另一台凝结水泵具备启动条件，且凝结水母管压力≥2MPa，投备用	
16	调整凝结水最小流量阀，开启5号低压加热器出口放水门对凝结水管路冲洗，水质合格后关闭放水门，向除氧器上水。除氧器水质不合格时，开启除氧器事故放水门换水直至水质合格	
17	除氧器上水至正常水位，投入除氧器水位自动	
18	检查凝结水最小流量阀自动调节正常	
19	根据水质要求投运凝结水精处理装置	
20	操作完成，汇报值长	
备注：		
操作人：	值班负责人：	值长：

三、相关知识

资源库 32_凝结水系统流程

1. 凝结水泵启动条件

（1）A、B凝汽器水位均不低（不小于600mm）。

（2）凝结水泵进口电动门开。

（3）凝结水泵出口电动门关或连锁投入。

（4）无凝结水泵连锁跳闸条件。

2. 启动前检查

（1）确认凝结水系统各表计投入，控制电源、气源正常。

（2）确认循环水系统运行正常。

（3）确认闭式水系统运行正常。

（4）确认开式水系统运行正常。

（5）确认仪用压缩空气系统运行正常。

3. 凝结水系统停运

（1）机组停运后低压缸排汽温度低于 40℃，确认凝结水系统无用户，方可停运凝结水系统。

（2）解除备用泵连锁后停运运行凝结水泵。

（3）凝结水泵停运后，出口门应连锁全关，否则应手动关闭，确认泵电流到零，不倒转。

（4）联系化学停止凝结水系统加药。

（5）根据需要投入电机加热器运行。

（6）根据情况停止凝汽器补水。

四、 完成任务

登录 660MW 超超临界机组（含 330MW 亚临界机组、350MW 超临界循环流化床机组、50MW 循环流化床母管制机组）系统平台，严格按规范巡检程序完成凝结水系统的启动工作。

五、 任务评价

根据工作任务的完成情况，对照评价项目和技术标准规范，逐项评价，确定技能水平和改进的要求。凝结水系统启动评价表见表 1-6-2。

表 1-6-2　　凝结水系统启动评价表

内　容		评　价	
学习目标	评　价　项　目	个人评价	教师评价
知识目标	描述凝结水泵启动前检查项目		
	描述凝结水系统启动前检查项目		
技能目标	确认凝汽器补水正常、凝汽器水位正常、凝结水系统注水正常		
	凝结水泵各项连锁保护试验合格		
	凝结水泵电机测绝缘合格送电		
	确认凝结水系统相关电动门电源正常		
	开启除盐水至凝结水泵密封水门，检查密封水压力正常（0.3～0.6MPa）		
	投入凝结水泵机械密封水、轴承冷却水、凝结水泵电机冷却水		
	开启凝结水泵入口抽空气门。当凝汽器处于真空状态时，应缓慢开启，并监视凝器真空和运行凝结水泵的运行状况		

续表

内　容		评　价	
学习目标	评　价　项　目	个人评价	教师评价
技能目标	开启凝结水泵进口门		
	确认凝结水最小流量阀及前后截门开启，5、6 号低压加热器水侧进出口门，5、6 号低压加热器水侧旁路门在关闭状态		
	确认凝结水泵所在 6kV 母线电压正常		
	凝结水泵启动前检查电机加热器退出		
	启动凝结水泵，检查出口门联开，凝结水再循环调节门联开，注意电流、振动、声音、出口压力等正常		
	开启凝结水泵自密封手动门		
	联系化学投入凝结水系统加药		
	另一台凝结水泵具备启动条件，且凝结水母管压力≥2MPa，投备用		
	调整凝结水最小流量阀，开启 5 号低压加热器出口放水门对凝结水管路冲洗，水质合格后关闭放水门，向除氧器上水。除氧器水质不合格时，开启除氧器事故放水门换水直至水质合格		
	除氧器上水至正常水位，投入除氧器水位自动		
	检查凝结水最小流量阀自动调节正常		
	根据水质要求投运凝结水精处理装置		
	操作完成，汇报值长		
素质目标	沟通能力		
	团队合作能力		
	方法创新能力		
	突发事件处理能力		
改进要求			

六、 课后练习

（1）简述凝结水泵启动前的检查。

（2）制订启动凝结水系统的操作票。

（3）利用仿真平台训练启动凝结水系统的启动操作。

工作任务七　除氧给水系统投运

除氧给水系统的组成部分主要有除氧器、给水泵组、高低压加热器三大部分。其作用主要是把来自低压加热器的凝结水经过除氧器除氧后，再经给水泵升压，通过高低压加热器加热供给锅炉提高循环的热效率，同时提供高压旁路减温水、过热器减温水和再热器减温水。因此，除氧给水系统的启动包含除氧器投运和启动给水泵两方面。

工作子任务一　除氧器投运

一、任务描述

按规程进行各阀门开、关操作。

完成除氧器上水操作。

二、任务分析

这项任务需要按顺序进行阀门的开关操作，完成除氧器的启动（以660MW机组为例，其他各类型机组参照执行）。为此，需要严格按照操作票规定的顺序，逐项完成。除氧器投运操作票见表1-7-1。

资源库33_除氧器上水

表1-7-1　　除氧器投运操作票

操作任务：#____机除氧器投运			
操作开始时间	年　月　日　时　分	操作结束时间	年　月　日　时　分
顺序	危险因素预控项目		执行
1	监视除氧器水位，就地与远方应一致，防止除氧器满水		
2	关闭系统所有放水门，防止系统跑水		
3	投入除氧器加热时，充分暖管疏水，控制温升速度，防止除氧器及相连管道振动		
顺序	操　作　项　目		执行
1	接值长令：#____机除氧器投运		
2	确认系统各气动门控制气源投入正常，各电动门电源已送上		
3	确认除氧器保护试验已合格并且保护装置已投入正常		
4	确认除氧器充氮保养系统已隔离		
5	检查除氧器启动排气阀、连续排气阀、除氧器溢放水至凝汽器管路所有隔离阀的状态正确		
6	确认辅汽系统运行正常，辅汽压力、温度符合要求		
7	确认除氧器上水至正常水位，水质合格		
8	开启连除氧器续排气手动门、电动阀		
9	打开辅汽至除氧器电动阀后疏水隔离阀		
10	打开辅汽至除氧器气动调节阀后疏水阀		
11	打开辅汽至除氧器疏水阀1、2		
12	开启辅汽至除氧器调门前电动门		
13	暖管充分后，关闭辅汽至除氧器疏水阀1、2		
14	缓慢开启辅汽至除氧器压力调节阀暖管		
15	暖管充分后，关闭辅汽至除氧器气动调节阀后疏水阀		
16	待除氧器压力逐渐上升到0.147MPa，投入压力调节自动		
17	关闭除氧器A、B侧启动排气电动阀		
18	操作完毕，汇报值长		
备注：			
操作人：	值班负责人：	值长：	

三、 相关知识

溶解于水中的气体，一方面对设备起腐蚀作用，另一方面也妨碍加热器（和锅炉）的换热性能，因此必须将水中的气体去除。除氧器就是完成该项任务的设备。除氧有化学除氧和热力除氧两种方法。化学除氧可以彻底除氧，但只能去除一种气体，且需要昂贵的加药费用，还会生成盐类，故电厂中较少单独采用这种方法。热力除氧采用加热方法，它能够去除水中的大部分气体。对于亚临界压力机组，热力除氧已能够基本满足要求；对于超临界压力机组，则在热力除氧的基础上，再做补充化学除氧，这样加药量少，生成的盐类也少，影响不大。

热力除氧基于如下原理：气体在水中的溶解度正比于该气体在水面的分压力。水中各种气体分压力的总和与水面的混合气体的总压力相平衡。当水加热至沸腾时，水面处蒸汽的分压力接近其混合气体的总压力，其他气体的分压力接近于零，故水中溶解的其他气体几乎全部被排除。除氧器汽水系统如图 1-7-1 所示。

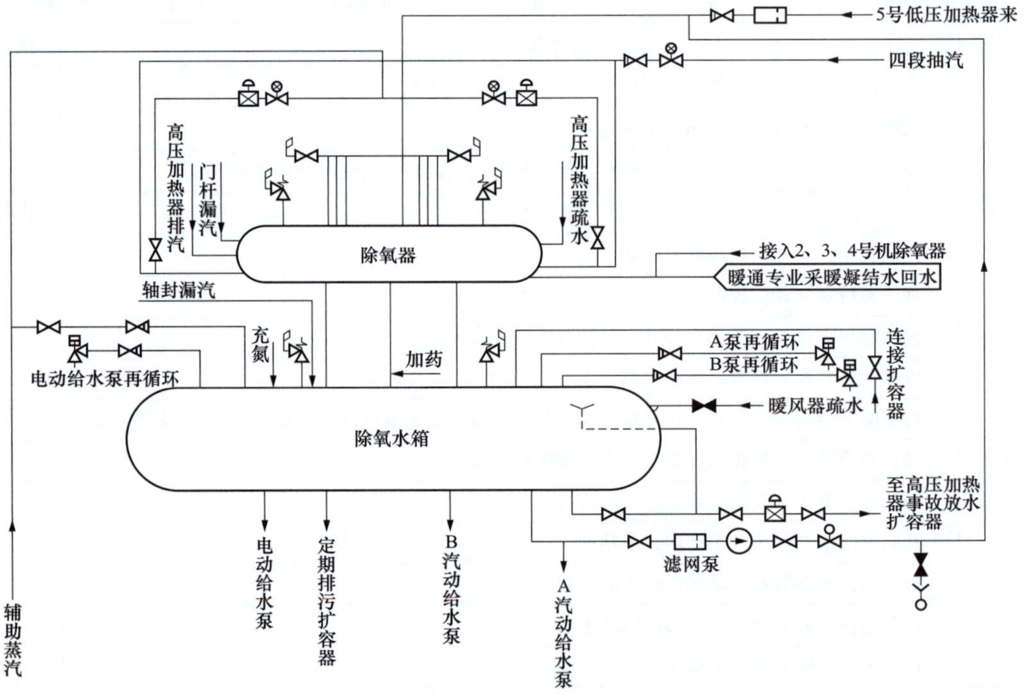

图 1-7-1　除氧器汽水系统

1. 除氧器水位控制

除氧器水位控制通常设计为全程控制系统，通过控制进入除氧器的主凝给水流量来维持除氧器水位为定值。在机组启动和低负荷运行时，给水流量小，由单冲量调节系统控制除氧器水位；当给水流量超过一定数值后，则由三冲量调节系统控制。三冲量分别为除氧器水位、给水流量、凝给水流量。600MW 机组除氧器水位采用全程控制系统，当给水流量小于 210t/h 时采用单冲量水位调节系统，当给水流量大于等于 210t/h 时切换到三冲量水位调节系统。为了提高正常运行时除氧器水位主控制的调节品质，在一些

600MW 机组上除氧器水位控制采用了前馈-反馈复合控制系统，启动和低负荷时仍采用单冲量控制系统。单冲量控制和前馈—反馈控制之间为相互跟踪、无扰切换。

2. 除氧器压力控制

除氧器有定压运行和滑压运行两种运行方式。

（1）定压运行。定压运行是指除氧器在运行过程中，其工作压力始终保持定值。这种运行方式要求供除氧器用汽的压力经调节器自动调节压力，保证机组负荷变化使除氧器工作压力恒定不变。这种运行方式会造成蒸汽的节流损失。

（2）滑压运行。滑压运行是指除氧器的运行压力不是恒定的，而是随着机组负荷与抽汽压力的变化而变化。因此，在除氧器正常汽源（一般是汽轮机抽汽）蒸汽管道上不设压力调节器，从而避免了运行中蒸汽的节流损失。同时，滑压运行的除氧器能很好地作为一级回热加热器使用，使机组的热经济性进一步提高。

四、 完成任务

登录 660MW 超超临界机组（含 330MW 亚临界机组、350MW 超临界循环流化床机组、50MW 循环流化床母管制机组）系统平台，严格按规范巡检程序完成除氧器投运的启动工作。

五、 任务评价

根据工作任务的完成情况，对照评价项目和技术标准规范，逐项评价，确定技能水平和改进的要求。除氧器投运评价表见表 1－7－2。

表 1－7－2　　　除氧器投运评价表

内容		评价	
学习目标	评价项目	个人评价	教师评价
知识目标	描述除氧器的水位控制方式		
	描述除氧器的压力控制方式		
技能目标	接值长令：#____机除氧器投运		
	确认系统各气动门控制气源投入正常，各电动门电源已送上		
	确认除氧器保护试验已合格并且保护装置已投入		
	确认除氧器充氮保养系统已隔离		
	检查除氧器启动排气阀、连续排气阀、除氧器溢放水至凝汽器管路所有隔离阀的状态正确		
	确认辅汽系统运行正常，辅汽压力、温度符合要求		
	确认除氧器上水至正常水位，水质合格		
	开启连除氧器续排气手动门、电动阀		
	打开辅汽至除氧器电动阀后疏水隔离阀		
	打开辅汽至除氧器气动调节阀后疏水阀		
	打开辅汽至除氧器疏水阀 1、2		
	开启辅汽至除氧器调门前电动门		

续表

内容		评价	
学习目标	评价项目	个人评价	教师评价
技能目标	暖管充分后，关闭辅汽至除氧器疏水阀1、2		
	缓慢开启辅汽至除氧器压力调节阀暖管		
	暖管充分后，关闭辅汽至除氧器气动调节阀后疏水阀		
	待除氧器压力逐渐上升到0.147MPa，投入压力调节自动		
	关闭除氧器A、B侧启动排气电动阀		
	操作完毕，汇报值长		
素质目标	沟通能力		
	团队合作能力		
	方法创新能力		
	突发事件处理能力		
改进要求			

六、课后练习

（1）简述除氧器汽水系统的工艺流程。

（2）制订除氧器投运的操作票。

（3）利用仿真平台训练除氧器投运的启动操作。

工作子任务二　启动电动给水泵

资源库34_电动给水泵启动

一、工作描述

检查电动给水泵系统阀门、仪表、设备送电正常。

按规程进行各阀门开、关操作。

确认电动给水泵启动条件满足。

顺控启动电动给水泵。

检查电动给水泵工作正常、给水压力正常。

二、任务分析

这项任务需要按顺序进行阀门的开关操作，完成电动给水泵的启动（以660MW机组为例，其他各类型机组参照执行）。为此，需要严格按照操作票规定的顺序，逐项完成。启动电动给水泵操作票见表1-7-3。

表1-7-3　启动电动给水泵操作票

操作任务：电动给水泵启动			
操作开始时间	年 月 日 时 分	操作结束时间	年 月 日 时 分
顺序	危险因素预控项目		执行
1	电动给水泵油站运行后根据油温及时开启电动给水泵组油站冷却水回水电动门，防止油温高		

续表

顺序	危险因素预控项目	执行
2	油系统启动后注意监视油箱油位，注意检查系统进回油管道无漏油现象	
3	电动给水泵进出水管道要充分注水排空气	
4	临机低压母管和高压母管隔离措施是否完善	
5	注意 6kV 母线电压变化	
顺序	操　作　项　目	执行
1	接值长令，电动给水泵启动	
2	确认电动给水泵检修工作结束，工作票终结	
3	确认给水系统表计齐全，各压力表和流量表一、二次门开启，信号及仪表电源已送	
4	确认各电动门送电，各气动阀电源、气源已投入传动正常	
5	确认电动给水泵所有静态连锁保护试验合格	
6	检查除氧器水质合格，水位正常	
7	检查稀油站油位正常，油质良好，润滑油滤网、冷油器油侧投用正常	
8	启动电动给水泵稀油站一台润滑油泵，检查润滑油压力在 0.15MPa 以上时，投入另一台泵备用	
9	检查各轴承油位、油流正常，油系统无漏油	
10	按阀门检查卡检查给水系统各阀门处于启动前位置。重点检查临机相关阀门已经隔离并断电挂牌	
11	确认循环水、开式冷却水、闭式冷却水、凝结水系统运行正常	
12	投入油站冷油器、电机空冷器冷却水	
13	投入机械密封水滤网，投入给水泵机械密封冷却水，检查冷却水压力、流量正常，无泄漏，注意对机械密封水管路排空气	
14	关闭电动给水泵出口门及所有放水门	
15	开启泵体及给水管路系统放气门	
16	稍开电动给水泵进口电动门，从除氧器注水到电动给水泵出口门，对系统排空气后关闭放气门，全开电动给水泵进口电动门。注意在注水放气期间，除氧器水位保持正常	
17	注水时，应多次对密封水回路排空气，检查给水管路无泄漏	
18	开启电动给水泵再循环门前电动门，开启再循环调节门，投入自动	
19	送上电动给水泵电机电源	
20	确认电动给水泵启动许可条件均已满足	
21	检查 6kV 母线电压正常，启动电动给水泵，检查电动给水泵再循环调节门调节正常	
22	电机启动后，注意启动电流及电流返回时间，检查转速、泵组振动、轴承温度、泵内声音、进出口压力、最小流量均应正常	
23	检查润滑油压在 0.15MPa 以上	
24	当锅炉具备进水条件后，开启电动给水泵出口门向高加及给水管路注水后，锅炉开始进水	

续表

顺序	操　作　项　目	执行
25	当电动给水泵流量＞$186m^3/h$ 时，再循环调节门开始自动关小，流量＞$248m^3/h$ 时，再循环调节门自动全关	
26	操作完毕，汇报值长	
备注：		
操作人：	值班负责人：	值长：

三、相关知识

资源库 35_给水系统流程

1. 给水系统的工艺流程图

给水系统的工艺流程如图 1－7－2 所示。为防止给水泵汽蚀，每台给水泵前都安装一台低速前置泵。前置泵的转速较低，所需的汽蚀余量大大减少，加之除氧器仍安装在一定高度，故给水不易在前置泵内汽化。当给水经前置泵后压力提高，增加了给水泵入口的给水压力，提高了泵的有效汽蚀余量，能有效地防止给水泵汽蚀，并可降低除氧器的布置高度。此外，给水泵出口均设置最小流量再循环装置，其作用是保证给水泵有一定的工作流量，以免在机组启停和低负荷时因给水流量过低而发生汽蚀。最小流量再循环管道由给水泵出口管路上的止回阀前引出，并接至除氧器给水箱。当给水泵流量小于允许值时自动开启。再循环管道进入除氧器给水箱前，经过一个止回阀，防止水箱内水倒入备用给水泵。

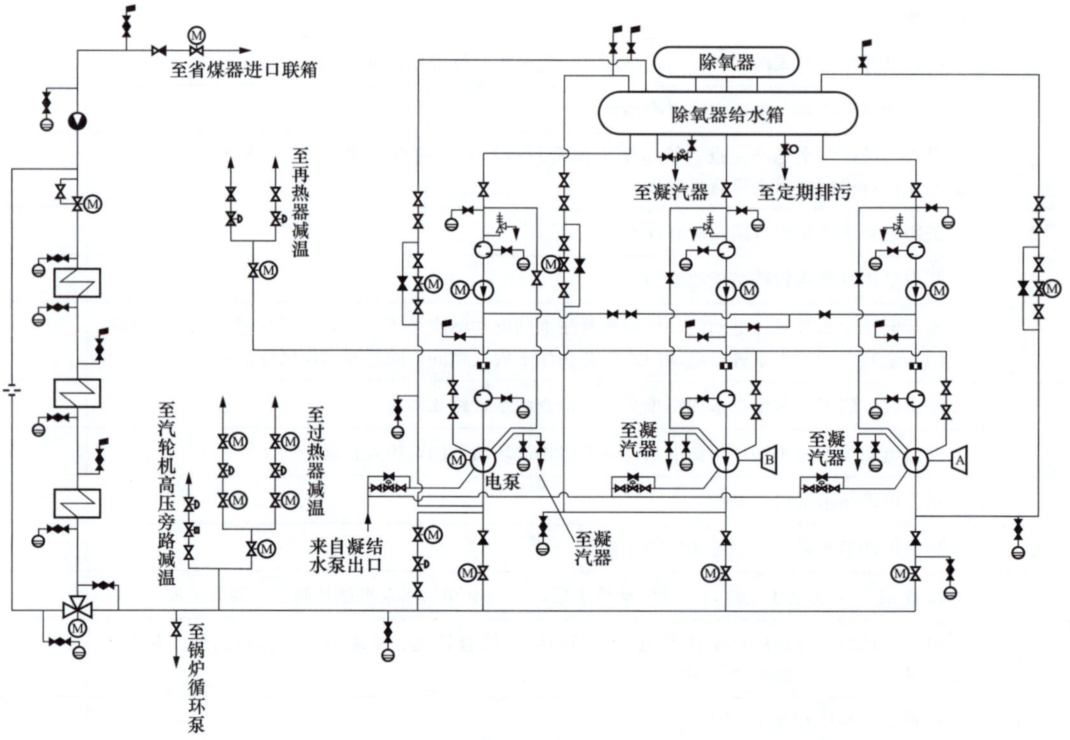

图 1－7－2　某 600MW 机组给水系统

给水泵最小流量控制系统通常为单回路调节系统，流量测量一般采用二取一。给水泵最小流量控制系统仅工作在给水泵启动和低负荷阶段，锅炉给水流量只要大于最小流量定值，给水再循环调节阀门就关闭。最小流量给水再循环调节阀通常设计为反方向动作，即控制系统输出为0时阀门全开；输出为100%时，阀门全关。这样在失电或失去气源时阀门全开，可保证设备的安全。

2. 电动给水泵启动条件

（1）电动给水泵辅助油泵运行，油压不小于0.15MPa。

（2）电动给水泵出口电动门、中间抽头电动门均已关闭。

（3）电动给水泵控制开关在“备用”位置。

（4）前置泵入口门全开。

（5）电动泵最小流量再循环控制阀全开。

（6）除氧器水位正常。

（7）电动给水泵密封水压力正常。

（8）无电机和电动给水泵保护跳闸指令。

四、完成任务

登录660MW超超临界机组（含330MW亚临界机组、350MW超临界循环流化床机组、50MW循环流化床母管制机组）系统平台，严格按规范程序完成电动给水泵的启动工作。

五、任务评价

根据工作任务的完成情况，对照评价项目和技术标准规范，逐项评价，确定技能水平和改进的要求。启动电动给水泵评价表见表1-7-4。

表1-7-4　启动电动给水泵评价表

内容		评价	
学习目标	评价项目	个人评价	教师评价
知识目标	描述给水泵的启动允许条件		
	描述前置泵启动允许条件		
技能目标	接值长令，电动给水泵启动		
	确认电动给水泵检修工作结束，工作票终结		
	确认给水系统表计齐全，各压力表和、流量表一、二次门开启，信号及仪表电源已送		
	确认各电动门送电，各气动阀电源、气源已投入传动正常		
	确认电动给水泵所有静态连锁保护试验合格		
	检查除氧器水质合格，水位正常		
	检查稀油站油位正常，油质良好，润滑油滤网、冷油器油侧投用正常		
	启动电动给水泵稀油站一台润滑油泵，检查润滑油压力在0.15MPa以上时，投入另一台泵备用		
	检查各轴承油位、油流正常，油系统无漏油		

续表

内容		评价	
学习目标	评价项目	个人评价	教师评价
技能目标	按阀门检查卡检查给水系统各阀门处于启动前位置。重点检查临机相关阀门已经隔离并断电挂牌		
	确认循环水、开冷水、闭冷水、凝结水系统运行正常		
	投入油站冷油器、电机空冷器冷却水		
	投入机械密封水滤网，投入给水泵机械密封冷却水，检查冷却水压力、流量正常，无泄漏，注意对机械密封水管路排空气		
	关闭电动给水泵出口门及所有放水门		
	开启泵体及给水管路系统放气门		
	稍开电动给水泵进口电动门，从除氧器注水到电动给水泵出口门，对系统排空气后关闭放气门，全开电动给水泵进口电动门。注意在注水放气期间，除氧器水位保持正常		
	注水时，应多次对密封水回路排空气，检查给水管路无泄漏		
	开启电动给水泵再循环门前电动门，开启再循环调节门，投入自动		
	送上电动给水泵电机电源		
	确认电动给水泵启动许可条件均已满足		
	检查6kV母线电压正常，启动电动给水泵，检查电动给水泵再循环调节门调节正常		
	电机启动后，注意启动电流及电流返回时间，检查转速、泵组振动、轴承温度、泵内声音、进出口压力、最小流量均应正常		
	检查润滑油压在0.15MPa以上		
	当锅炉具备进水条件后，开启电动给水泵出口门向高加及给水管路注水后，锅炉开始进水		
	当电动给水泵流量＞186m^3/h时，再循环调节门开始自动关小，流量＞248m^3/h时，再循环调节门自动全关		
	操作完毕，汇报值长		
素质目标	沟通能力		
	团队合作能力		
	方法创新能力		
	突发事件处理能力		
改进要求			

六、课后练习

（1）简述电动给水泵系统的工艺流程。

（2）制订启动电动给水泵系统的操作票。

（3）利用仿真平台训练电动给水泵的启动操作。

工作任务八　锅炉上水及冷态清洗

一、工作描述

检查阀门、仪表、设备送电正常。

按规程进行各阀门开、关操作。

完成锅炉上水及冷态清洗操作。

二、工作分析

这项任务需要按顺序进行阀门的开关操作，完成锅炉上水及冷态清洗（以 660MW 机组为例，其他各类型机组参照执行）。为此，需要严格按照操作票规定的顺序，逐项完成。锅炉上水操作票见表 1－8－1。

资源库 36_锅炉上水

表 1－8－1　　锅炉上水操作票

<table>
<tr><td colspan="4">操作任务：#____锅炉冷态上水</td></tr>
<tr><td>操作开始时间</td><td>年　月　日　时　分</td><td>操作结束时间</td><td>年　月　日　时　分</td></tr>
</table>

顺序	危险因素预控项目	执行
1	控制上水速度，上水时间夏季不少于 2h，其他季节不少于 4h	
2	控制上水温度与水冷壁管壁温差小于 40℃	
3	上水前检查并确认各空气门已开启，防止发生气塞	
4	上水前，应确认启动分离器水位计及给水流量计正确投入；当启动分离器见水后，降低上水速度，密切监视水位，防止启动分离器满水	
5	上水前检查机、炉侧减温水关闭应严密，防止给水进入其他系统	
6	锅炉给水操作台前疏水管排水 $Fe<200\mu g/L$ 时，锅炉上水	
顺序	**操　作　项　目**	**执行**
1	检查锅炉汽水系统及启动疏水系统检修工作结束，工作票收回	
2	检查汽水系统及启动疏水系统电动门、调节门，电源已送正常，开关试验正常	
3	检查汽水系统及启动疏水系统各热工表计及测点完好且已投入正常	
4	检查汽水分离器及启扩水位保护连锁试验良好，且正常投入	
5	检查汽水系统及启动疏水系统各取样一、二次手动门开启	
6	检查锅炉各膨胀指示器良好，并抄录一次	
7	打开包墙出口联箱放气一、二次门，屏式过热器出口放气一、二次门，低温过热器出口放气一、二次门，高温过热器出口放气一、二次门	
8	打开省煤器出口排气手动门、水冷壁出口排气手动门、左/右侧分离器排气手动门	
9	打开低温再热器出口放空气一次门、二次门，高温再热器出口放空气一次门、二次门	
10	确认减温水系统各电动门及调节门已关闭，管道放水门已关闭	
11	确认炉侧所有充氮门已关闭	

续表

顺序	操 作 项 目	执行
12	确认锅炉主给水电动门、主给水旁路电动调节门关闭	
13	确认锅炉疏水扩容器疏水泵备用正常	
14	确认锅炉启动疏水至凝汽器电动门已关闭，至酸洗废水池电动门已开启	
15	通知化学人员化验水质，水质合格后，锅炉开始上水	
16	检查除氧器加热投入正常	
17	检查电动给水泵应满足启动条件，高压加热器系统走旁路（使用汽动给水泵前置泵上水时检查前置泵满足启动条件）	
18	检查再循环回路畅通，启动电动给水泵（或汽动给水泵前置泵）	
19	点动开启电动给水泵出口门（用前置泵上水时开启汽动给水泵出口门）对给水管道注水	
20	打开主给水旁路调节门前、后门，调节主给水旁路调门维持给水流量 200t/h 左右	
21	关闭省煤器出口排气手动门，水冷壁出口排气手动门，左/右侧分离器排气手动门	
22	当储水箱液位至 9.0m 左右，上水完成，关闭主给水旁路调阀	
23	抄录锅炉各膨胀指示器一次	
24	操作完毕，汇报值长	
备注：		
操作人：　　　　值班负责人：　　　　值长：		

三、相关知识

1. 锅炉上水条件

（1）全面检查各汽水系统阀门状态应正确。

（2）锅炉给水操作台前疏水管排水 Fe＜200μg/L 时，锅炉上水。

（3）通知化学人员投运凝结水及给水加药。

（4）向高压加热器水侧、给水管路注水排空气。

（5）高压加热器查漏。

（6）锅炉上水，开启给水泵出口旁路阀用于锅炉上水，加水流量为 10%BMCR（200t/h）。

（7）锅炉上水期间，水系统空气阀见水后依次关闭所有疏水和放空气门。

（8）储水箱水位至 10 000mm 上水结束，检查受热面无泄漏和其他异常现象。

2. 锅炉清洗

（1）保持给水流量在 25%BMCR（515t/h）左右，锅炉进行开式冲洗，投入锅炉溢流系统，不合格水排至机组排水槽或地沟。通知化学调整给水 pH 值为 9～9.5，每半小时化验一次水质，若锅炉水质差，可以整炉放水。

（2）冷态开式冲洗合格标准。储水罐出口水质应满足：Fe＜500μg/L 或浊度≤3NTU，油脂≤1mg/L，pH≤9.5。

（3）锅炉开式冲洗结束，保持给水流量在 515t/h 左右，锅炉进行循环清洗，水排放至锅炉疏扩，通过疏水泵排至凝汽器。

（4）锅炉冷态清洗完成标准：省煤器入口水质检查：Fe＜100μg/L，电导率小于1μS/cm，pH 值为 9.3～9.5。

（5）邻机运行时投入邻机蒸汽加热系统，控制 2 号高压加热器出口水温温升率不大于 50℃/h，除氧器水温 150℃，2 号高压加热器出口水温不大于 250℃（因给水流量较大邻机加热给水温升有限，若增大邻机汽量注意对邻机的影响）。

（6）由于水中的沉积物在 190℃时达到最大，锅炉点火升温或投入邻机加热系统，当折焰角出口水温达到 190℃时开始热态清洗，调整锅炉给水流量 515t/h，溢流调节阀“自动”控制，锅炉上水旁路调节阀“手动”控制，锅炉进行热态冲洗。

（7）锅炉热态清洗完成标准：省煤器入口给水 Fe＜50μg/L，储水罐出口水小于100μg/L，二氧化硅含量小于 50μg/L，电导率＜1μS/cm，硬度约 0μmol/L。

四、完成任务

登录 660MW 超超临界机组（含 330MW 亚临界机组、350MW 超临界循环流化床机组、50MW 循环流化床母管制机组）系统平台，严格按规范巡检程序完成锅炉上水的启动工作。

五、任务评价

根据工作任务的完成情况，对照评价项目和技术标准规范，逐项评价，确定技能水平和改进的要求。锅炉上水评价表见表 1-8-2。

表 1-8-2　锅炉上水评价表

内容		评价	
学习目标	评价项目	个人评价	教师评价
知识目标	描述锅炉上水条件		
	描述锅炉清洗流程		
技能目标	检查锅炉汽水系统及启动疏水系统检修工作结束，工作票收回		
	检查汽水系统及启动疏水系统电动门、调节门，电源已送正常，开关试验正常		
	检查汽水系统及启动疏水系统各热工表计及测点完好且已投入正常		
	检查汽水分离器及启扩水位保护连锁试验良好，且正常投入		
	检查汽水系统及启动疏水系统各取样一、二次手动门开启		
	检查锅炉各膨胀指示器良好，并抄录一次		
	打开包墙出口联箱放气一、二次门，屏式过热器出口放气一、二次门，低温过热器出口放气一、二次门，高温过热器出口放气一、二次门		
	打开省煤器出口排气手动门，水冷壁出口排气手动门，左/右侧分离器排气手动门		
	打开低温再热器出口放空气一次门、二次门，高温再热器出口放空气一次门、二次门		

续表

内　　容		评　　价	
学习目标	评　价　项　目	个人评价	教师评价
技能目标	确认减温水系统各电动门及调节门已关闭，管道放水门已关闭		
	确认炉侧所有充氮门已关闭		
	确认锅炉主给水电动门、主给水旁路电动调节门关闭		
	确认锅炉疏水扩容器疏水泵备用正常		
	确认锅炉启动疏水至凝汽器电动门已关闭，至酸洗废水池电动门已开启		
	通知化学化验水质，水质合格，锅炉开始上水		
	检查除氧器加热投入正常		
	检查电动给水泵满足启动条件，高压加热器系统走旁路（使用汽动给水泵前置泵上水时检查前置泵满足启动条件）		
	检查再循环回路畅通，启动电动给水泵（或汽动给水泵前置泵）		
	点动开启电动给水泵出口门（用前置泵上水时开启汽动给水泵出口门）对给水管道注水		
	打开主给水旁路调节门前、后门，调节主给水旁路调门维持给水流量200t/h左右		
	关闭省煤器出口排气手动门，水冷壁出口排气手动门，左/右侧分离器排气手动门		
	当储水箱液位至9.0m左右，上水完成，关闭主给水旁路调阀		
	抄录锅炉各膨胀指示器一次		
	操作完毕，汇报值长		
素质目标	沟通能力		
	团队合作能力		
	方法创新能力		
	突发事件处理能力		
改进要求			

六、 课后练习

（1）制订锅炉上水的操作票。

（2）利用仿真平台训练锅炉上水及冷态清洗的操作。

工作任务九　汽轮机轴封及抽真空系统投运

工作子任务一　汽轮机轴封系统投运

轴封蒸汽系统的作用是对主汽轮机及小汽轮机的轴端密封，对高压区是防止高压蒸汽泄漏造成热损失和污染，对负压区是防止空气漏入，影响真空。

一、 任务描述

检查轴封系统阀门、仪表、设备送电正常。

按规程进行各阀门开、关操作。

完成汽轮机轴封系统的启动操作。

二、 任务分析

这项任务需要按顺序进行阀门的开关操作，完成汽轮机轴封系统的启动（以660MW机组为例，其他各类型机组参照执行）。为此，需要严格按照操作票规定的顺序，逐项完成。轴封系统启动操作票见表1-9-1。

资源库37_轴封系统投运

表1-9-1　　轴封系统启动操作票

<table>
<tr><td colspan="4">操作任务：#____机轴封系统投运</td></tr>
<tr><td>操作开始时间</td><td>年　月　日　时　分</td><td>操作结束时间</td><td>年　月　日　时　分</td></tr>
<tr><td>顺序</td><td colspan="2">危险因素预控项目</td><td>执行</td></tr>
<tr><td>1</td><td colspan="2">在向轴封系统送汽前，轴封系统必须充分疏水，确认疏水门开启，防止管道水击、振动</td><td></td></tr>
<tr><td>2</td><td colspan="2">轴封供汽必须有不小于50℃的过热度</td><td></td></tr>
<tr><td>3</td><td colspan="2">轴封未投入前轴封减温水严禁投入，防止汽缸进水</td><td></td></tr>
<tr><td>4</td><td colspan="2">投入减温水时，减温水调节门应缓慢操作，避免轴封温度大幅波动，产生热应力，防止轴封温度波动大</td><td></td></tr>
<tr><td>5</td><td colspan="2">机组热态启动或停止时，高中压转子轴封蒸汽温度与转子表面金属温差应<111℃；辅助蒸汽温度达不到要求可投入轴封蒸汽电加热装置</td><td></td></tr>
<tr><td>6</td><td colspan="2">严禁转子在静止状态下，向轴封送汽，轴封投入前确认主机盘车连续运行</td><td></td></tr>
<tr><td>7</td><td colspan="2">冷态启动先抽真空后送轴封；热态、极热态启动先送轴封后抽真空</td><td></td></tr>
<tr><td>8</td><td colspan="2">在汽轮机未抽真空前，将疏水倒向无压疏放水母管</td><td></td></tr>
<tr><td>顺序</td><td colspan="2">操　作　项　目</td><td>执行</td></tr>
<tr><td>1</td><td colspan="2">接值长令：#____机轴封系统投运</td><td></td></tr>
<tr><td>2</td><td colspan="2">检查轴封系统检修工作结束，工作票收回，无妨碍运行物</td><td></td></tr>
<tr><td>3</td><td colspan="2">确认#____汽轮机盘车投入且正常
偏心度：____mm
盘车电流：____A</td><td></td></tr>
<tr><td>4</td><td colspan="2">检查各阀门均处于投运前状态</td><td></td></tr>
<tr><td>5</td><td colspan="2">确认各电动门、气动门电源和气源送上</td><td></td></tr>
<tr><td>6</td><td colspan="2">开启除盐水至轴封水封注水手动门；注水结束后关闭</td><td></td></tr>
<tr><td>7</td><td colspan="2">开启#____机轴封加热器疏水电动门</td><td></td></tr>
<tr><td>8</td><td colspan="2">确认A、B轴加风机电机绝缘合格并送电，且启、停、连锁试验良好</td><td></td></tr>
<tr><td>9</td><td colspan="2">开启轴封母管轴封供汽调节门前、后疏水气动门</td><td></td></tr>
<tr><td>10</td><td colspan="2">关闭低压轴封供汽减温水调节门及前、后截止门</td><td></td></tr>
</table>

续表

顺序	操　作　项　目	执行
11	关闭辅助蒸汽至轴封供汽减温水调节门及前、后截止门	
12	微开辅助蒸汽供汽手动总门，对轴封供汽电动门前管道进行暖管	
13	开启辅助蒸汽至轴封供汽电动门	
14	开启轴封供汽调节门前电动门	
15	缓慢开启轴封供汽调节门至5%，对轴封系统进行暖管	
16	启动____轴加风机运行正常，调整进口蝶阀开度，维持轴封加热器负压在－500Pa左右，实际____Pa，电流____A	
17	开启____轴加风机入口蝶阀，投入连锁	
18	调节轴封母管压力至0.03MPa左右，实际____MPa，维持轴封处不吸不漏	
19	注意轴封加热器水位变化，维持轴封加热器水位正常	
20	当供汽压力稳定后，设定轴封调节门压力定值为0.03MPa，并投入自动调节，检查自动调节正常，轴封加热器负压及水位正常	
21	设定好溢流阀压力定值为0.04MPa，并投入自动调节，检查自动调节正常	
22	将低压轴封减温水调节门投入自动，检查减温水调节门工作正常	
23	全面检查系统运行情况，轴封站各调节门动作正常	
24	汇报值长：轴封系统已投运	
备注：		
操作人：	值班负责人：　　　　　　　　值长：	

三、相关知识

资源库38_轴封系统流程

1. 汽轮机轴封系统的工艺流程

汽轮机轴封系统的工艺流程如图1-9-1所示。封蒸汽系统主要由密封装置、轴封蒸汽母管、轴封加热器等设备及相应的阀门、管路系统构成。轴封蒸汽系统的主要功能是向汽轮机、给水泵小汽轮机的轴封和主汽阀、调节阀的阀杆汽封供送密封蒸汽，同时将各汽封的漏汽进行合理导向或抽出。

2. 轴封供汽投入前的准备

（1）检查确认系统表计正常，仪用压缩空气压力不小于0.6MPa。

（2）检查汽轮机盘车已经投入。

（3）检查凝结水系统、循环水系统投运正常。

（4）检查辅助蒸汽联箱运行正常。

（5）检查轴加水位正常，否则轴加水封注水至正常。

3. 轴封系统停止

（1）机组停运时，真空到零后，方可停止轴封供汽。

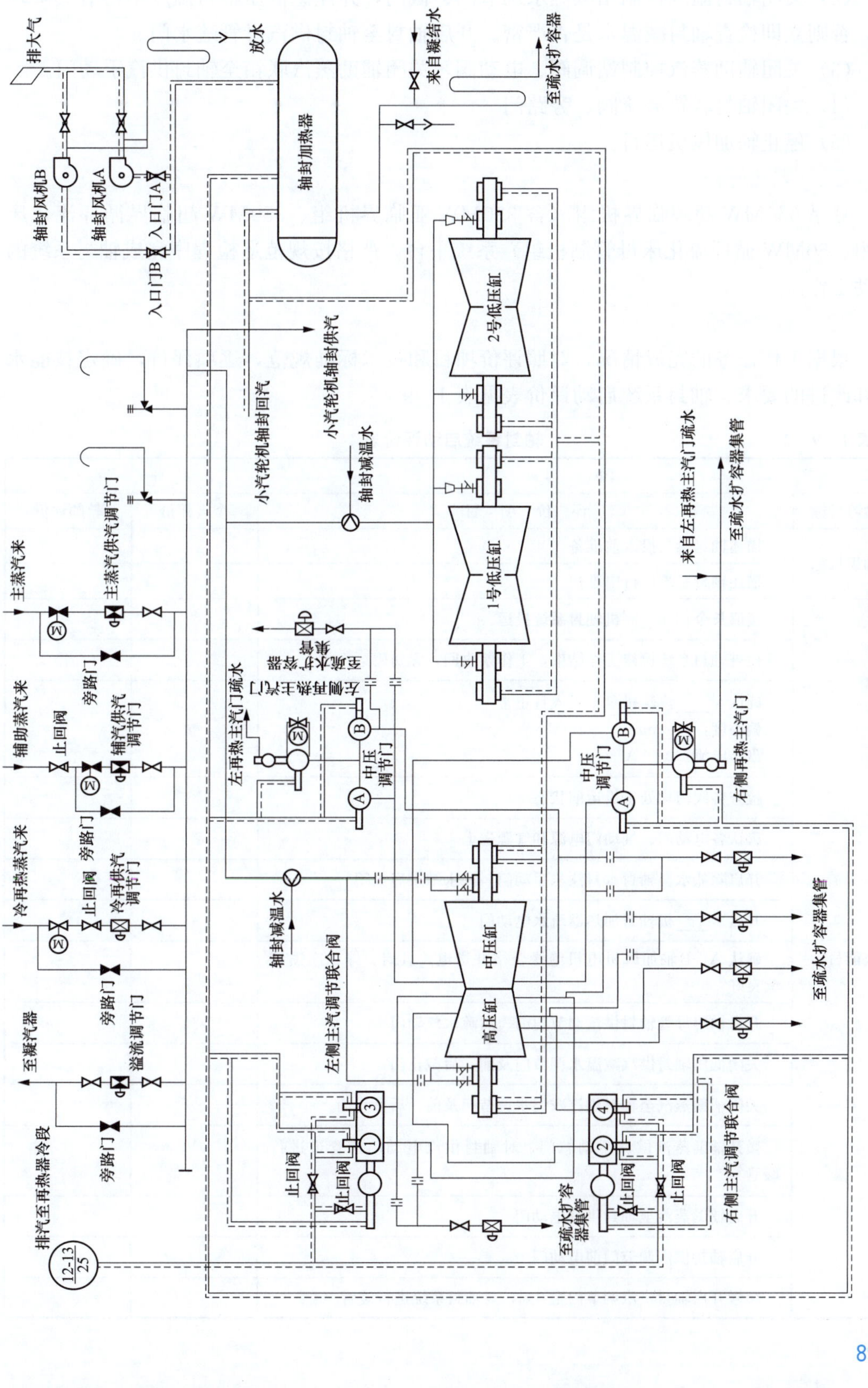

图1-9-1 汽轮机轴封系统的工艺流程

（2）关闭轴封温度控制站减温水调节门、截门，并注意低压轴封温度不得有突降现象，否则立即检查轴封减温水是否严密。开启轴封至轴封供汽母管疏水门。

（3）关闭辅助蒸汽控制站调阀、电动阀，关闭辅助蒸汽联箱至轴封供汽手动门。

（4）关闭轴封联箱溢流阀、旁路门。

（5）停止轴加风机运行。

四、完成任务

登录660MW超超临界机组（含330MW亚临界机组、350MW超临界循环流化床机组、50MW循环流化床母管制机组）系统平台，严格按规范巡检程序完成轴封系统的启动工作。

五、任务评价

根据工作任务的完成情况，对照评价项目和技术标准规范，逐项评价，确定技能水平和改进的要求。轴封系统启动评价表见表1-9-2。

表1-9-2　　轴封系统启动评价表

内容		评价	
学习目标	评价项目	个人评价	教师评价
知识目标	描述轴封供汽投入前准备		
	描述轴封系统运行中维护		
技能目标	接值长令：#____机轴封系统投运		
	检查轴封系统检修工作结束，工作票收回，无妨碍运行物		
	确认#____汽轮机盘车投入且正常 偏心度：____mm 盘车电流：____A		
	检查各阀门均处于投运前状态		
	确认各电动门、气动门电源和气源送上		
	开启除盐水至轴封水封注水手动门；注水结束后关闭		
	开启#____机轴封加热器疏水电动门		
	确认A、B轴加风机电机绝缘合格并送电，且启、停、连锁试验良好		
	开启轴封母管轴封供汽调节门前、后疏水气动门		
	关闭低压轴封供汽减温水调节门及前、后截止门		
	关闭辅助蒸汽至轴封供汽减温水调节门及前、后截止门		
	微开辅助蒸汽供汽手动总门，对轴封供汽电动门前管道进行暖管		
	开启辅助蒸汽至轴封供汽电动门		
	开启轴封供汽调节门前电动门		
	缓慢开启轴封供汽调节门至5%，对轴封系统进行暖管		

续表

内容		评价	
学习目标	评价项目	个人评价	教师评价
技能目标	启动____轴加风机运行正常，调整进口蝶阀开度，维持轴封加热器负压在500Pa左右，实际____Pa，电流____A		
	开启____轴加风机入口蝶阀，投入连锁		
	调节轴封母管压力至0.03MPa左右，实际____MPa，维持轴封处不吸不漏		
	注意轴加水位变化，维持轴加水位正常		
	当供汽压力稳定后，设定轴封调节门压力定值为0.03MPa，并投入自动调节，检查自动调节正常，轴封加热器负压及水位正常		
	设定好溢流阀压力定值为0.04MPa，并投入自动调节，检查自动调节正常		
	将低压轴封减温水调节门投入自动，检查减温水调节门工作正常		
	全面检查系统运行情况，轴封站各调节门动作正常		
	汇报值长：轴封系统已投运		
素质目标	沟通能力		
	团队合作能力		
	方法创新能力		
	突发事件处理能力		
改进要求			

六、 课后练习

（1）简述轴封系统的工艺流程。

（2）制订汽轮机轴封系统投运的操作票。

（3）利用仿真平台训练汽轮机轴封系统投运的操作。

工作子任务二　汽轮机抽真空系统投运

抽真空系统的作用是建立和维持汽轮机机组凝汽器的真空，正常运行时不断地抽出由不同途径漏入汽轮机及凝汽器的不凝结气体。

一、 任务描述

检查真空系统阀门、仪表、设备送电正常。

按规程进行各阀门开、关操作。

确认真空泵启动条件满足。

顺控启动真空泵。

检查真空泵工作正常、真空压力正常。

资源库39_抽真空系统投运

二、 任务分析

这项任务需要按顺序进行阀门的开关操作，完成汽轮机真空系统的启动（以660MW机组为例，其他各类型机组参照执行）。为此，需要严格按照操作票规定的顺序，逐项完成。抽真空系统启动操作票见表1-9-3。

表1-9-3　　抽真空系统启动操作票

操作任务：#____机真空系统投运			
操作开始时间	年 月 日 时 分	操作结束时间	年 月 日 时 分

顺序	危险因素预控项目	执行
1	确认真空破坏门关闭	
2	真空泵冷却器开式水供、回水门开启，冷却水畅通，防止温度过高	
顺序	操 作 项 目	执行
1	接值长令：#____机真空系统投运	
2	确认真空系统所有工作票已终结，现场设备完整、良好和整洁	
3	全面检查系统各阀门处于投入前状态	
4	确认所有仪表齐全、完好，各表计一次门开启，联系热工将所有表计和阀门电源、气源投入	
5	确认#____机A、B、C真空泵电机绝缘合格，已送电	
6	确认真空系统所有连锁和保护试验正常	
7	检查#____机循环冷却水系统、开式冷却水系统、闭式冷却水系统运行正常	
8	确认#____机凝结水系统已投运正常	
9	确认#____机轴封系统已投运正常	
10	检查#____机化补水至真空泵冷却器供水电动门、手动门关闭	
11	关闭#____机A、B凝汽器真空破坏门密封水溢流门	
12	开启密封水手动门#____机A、B凝汽器真空破坏门注水	
13	检查并确认#____机具备抽真空条件	
14	开启A、B、C真空泵进口手动门，关闭A、B、C真空泵进口气动门	
15	关闭真空泵入口1、2号切换阀	
16	开启#____机循环水母管至真空泵冷却器供水手动门	
17	开启A、B、C真空泵冷却器冷却水进、出水门	
18	开启A、B、C真空泵密封冷却水供水门	
19	关闭A、B、C真空泵补水电磁阀旁路门	
20	开启A、B、C真空泵气水分离器补水总门，补水电磁阀开启，气水分离器补水至正常水位，维持气水分离器水位正常A：____B：____C：____mm，补水电磁阀联关	
21	开启A、B、C真空泵泵底放水门，确认泵内有水	
22	检查____真空泵具备启动条件	

续表

顺序	操　作　项　目	执行
23	启动____真空泵，检查____真空泵进口负压应逐渐增大，当进口气动门后真空达－90kPa时，检查进口气动门自动开启	
24	检查____真空泵电流、轴承振动、气水分离器水位和排气正常，电流____A	
25	检查____侧凝汽器真空逐渐上升	
26	启动____真空泵运行，电流为____A	
27	检查____真空泵电流、轴承振动、汽水分离器水位和排气正常，电流____A	
28	检查____侧凝汽器真空逐渐上升	
29	凝汽器真空上升至－87kPa以上，根据机组情况，可开启真空泵入口1、2号切换阀，停止____真空泵，保留____真空泵运行，投入____真空泵连锁	
30	操作完毕，汇报值长	
备注：		
操作人：	值班负责人：　　　　　　　　　　　值长：	

三、相关知识

1. 汽轮机抽真空系统的工艺流程

资源库40_抽真空系统流程

图1-9-2所示为某600MW机组的凝汽器抽真空系统。系统配有三台50%容量的水环式真空泵组。泵组由水环式真空泵及其电机、汽水分离器、机械密封水冷却器、水位调节器、泵组内部有关管道、阀门等组成。

启动时为加快凝汽器抽真空的过程，可开启多台真空泵；正常运行时，一台或两台真空泵即可维持凝汽器真空，满足在机组的各种运行工况下抽出凝汽器内的不凝结气体的需要。如果运行真空泵抽吸能力不足或因其他原因凝汽器真空下降时，可启动备用泵，三台真空泵同时运行，从而保证真空泵始终保持在设定的抽汽压力范围内运行，确保凝汽器真空。

凝汽器壳体上接有真空破坏系统，其主要设备是一个电动真空破坏门。当汽轮机紧急事故跳闸时，真空破坏门开启，使凝汽器与大气连通，快速降低汽轮机转速，缩短汽轮机转子的惰走时间。真空破坏门由运行人员在控制室操作。其入口装有水封系统和滤网。密封水来自凝结水系统。水封管用来防止正常运行真空破坏门泄漏空气，影响凝汽器真空，并可以用来监视真空破坏门是否严密，水位计用于显示水封管的水位。如水位不断下降，则表示真空破坏门已经泄漏，必须向水封管不断补水，以防止空气漏入凝汽器。

2. 系统启动前检查

（1）确认开式冷却水系统、闭式水系统、凝结水系统、轴封系统投入正常。

（2）确认真空泵工作完毕，已送电，试转良好。

（3）确认真空系统各项连锁保护试验正常。

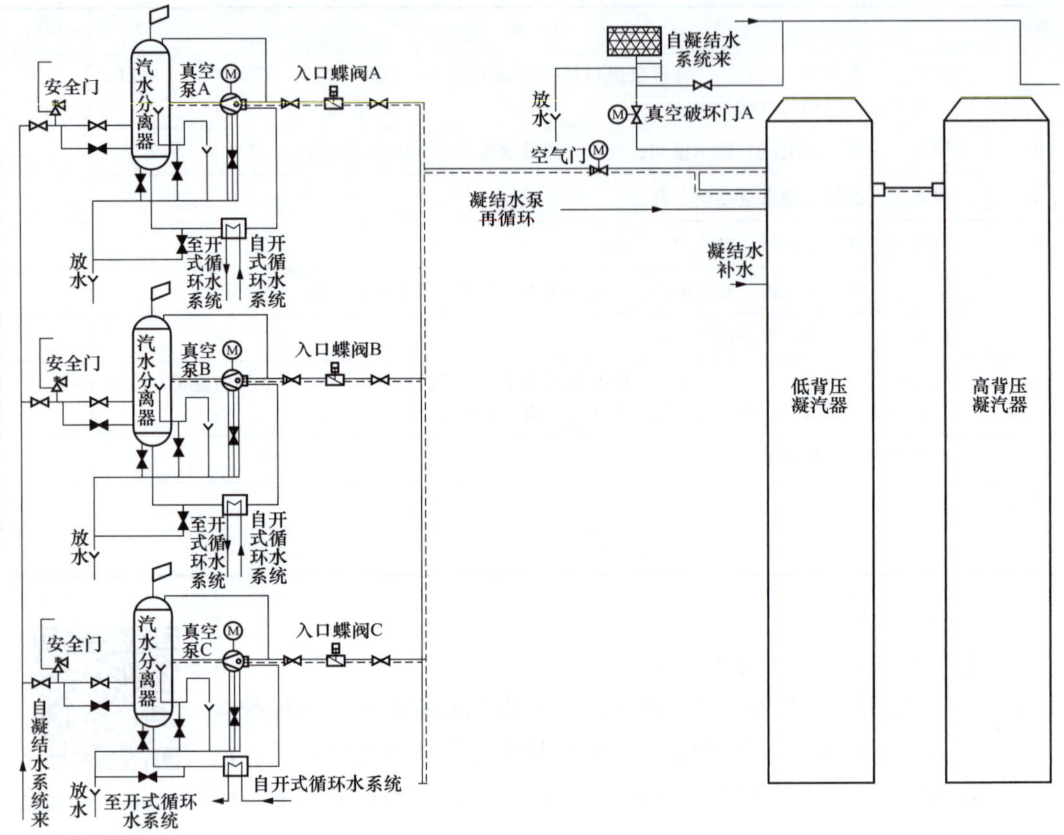

图1－9－2　某600MW机组的凝汽器抽真空系统

（4）检查各仪表、阀门及控制电源正常。

（5）检查真空系统各阀门符合启动前状态。

3. 系统停止

（1）确认汽轮机转速到零，盘车已投入运行。

（2）停止真空泵运行，开启真空破坏阀破坏真空。

（3）真空到零，停止轴封供汽。

（4）在机组紧急停运时，应迅速开启真空破坏阀，停运真空泵，缩短停机惰走时间。

（5）如果真空泵运行过程中因故障停运，需要检查备用真空泵启动后各部运行是否正常，然后关闭原运行泵入口气动门，停止该泵运行。

四、完成任务

登录660MW超超临界机组（含330MW亚临界机组、350MW超临界循环流化床机组、50MW循环流化床母管制机组）系统平台，严格按规范巡检程序完成真空系统的启动工作。

五、任务评价

根据工作任务的完成情况，对照评价项目和技术标准规范，逐项评价，确定技能水平和改进的要求。抽真空系统启动评价表见表 1－9－4。

表 1－9－4 抽真空系统启动评价表

内容		评价	
学习目标	评价项目	个人评价	教师评价
知识目标	描述抽真空系统的工艺流程		
	说出抽真空系统启动前的检查		
	说出抽真空系统运行中的注意事项		
技能目标	接值长令：#____机真空系统投运		
	确认抽真空系统所有工作票已终结，现场设备完整、良好和整洁		
	全面检查系统各阀门处于投入前状态		
	确认所有仪表齐全、完好，各表计一次门开启，联系热工将所有表计和阀门电源、气源投入		
	确认#____机 A、B、C 真空泵电机绝缘合格，已送电		
	确认抽真空系统所有连锁和保护试验正常		
	检查#____机循环冷却水系统、开式冷却水系统、闭式冷却水系统运行正常		
	确认#____机凝结水系统已投运正常		
	确认#____机轴封系统已投运正常		
	检查#____机化补水至真空泵冷却器供水电动门、手动门关闭		
	关闭#____机 A、B 凝汽器真空破坏门密封水溢流门		
	开启密封水手动门#____机 A、B 凝汽器真空破坏门注水		
	检查并确认#____机具备抽真空条件		
	开启 A、B、C 真空泵进口手动门，关闭 A、B、C 真空泵进口气动门		
	关闭真空泵入口 1、2 号切换阀		
	开启#____机循环水母管至真空泵冷却器供水手动门		
	开启 A、B、C 真空泵冷却器冷却水进、出水门		
	开启 A、B、C 真空泵密封冷却水供水门		
	关闭 A、B、C 真空泵补水电磁阀旁路门		
	开启 A、B、C 真空泵气水分离器补水总门，补水电磁阀开启，气水分离器补水至正常水位，维持气水分离器水位正常 A：____ B：____C：____mm，补水电磁阀联关		
	开启 A、B、C 真空泵泵底放水门，确认泵内有水		
	检查____真空泵具备启动条件		

续表

内容		评价	
学习目标	评价项目	个人评价	教师评价
技能目标	启动____真空泵，检查____真空泵进口负压应逐渐增大，当进口气动门后真空达－90kPa时，检查进口气动门自动开启		
	检查____真空泵电流、轴承振动、气水分离器水位和排气正常，电流____A		
	检查____侧凝汽器真空逐渐上升		
	启动____真空泵运行，电流为____A		
	检查____真空泵电流、轴承振动、气水分离器水位和排气正常，电流____A		
	检查____侧凝汽器真空逐渐上升		
	凝汽器真空上升至－87kPa以上，根据机组情况，可开启真空泵入口1、2号切换阀，停止____真空泵，保留____真空泵运行，投入____真空泵连锁		
	操作完毕，汇报值长		
素质目标	沟通能力		
	团队合作能力		
	方法创新能力		
	突发事件处理能力		
改进要求			

六、课后练习

（1）简述汽轮机抽真空系统的工艺流程。

（2）制订汽轮机抽真空系统启动的操作票。

（3）利用仿真平台训练汽轮机抽真空系统的启动操作。

工作任务十　风烟系统投运

一、任务描述

检查风烟系统阀门、仪表、设备送电正常。

按规程进行各阀门开、关操作。

启动送风机、引风机。

资源库41_送风机启动

二、任务分析

这项任务需要按顺序进行阀门的开关操作，完成风烟系统的启动（以660MW机组为例，其他各类型机组参照执行）。为此，需要严格按照操作票规定的顺序，逐项完成。送风机启动操作票见表1-10-1，引风机启动操作票见表1-10-2。

表 1-10-1　　送风机启动操作票

操作任务：____送风机投运		
操作开始时间	年　月　日　时　分	操作结束时间　　年　月　日　时　分
顺序	危险因素预控项目	执行
1	热态允许启动一次，冷态允许启动两次，但两次启动时间间隔必须在 5min 以上	
2	启动前检查出口挡板、风机动叶关闭，防止炉膛负压波动过大	
3	风机倒转严重时不允许启动	
4	合上开关，电机不转、倒转或转速明显缓慢时立即停止运行	
5	风机启动后风机内部有明显的金属摩擦或撞击声应立即停止运行	
6	启动后注意监视轴承温度及振动情况和上升趋势，若超限应立即停运	
7	启动前检查电气热工保护投入正常	
8	风机并列过程中注意风量和负压的调整，出现异常情况应停止操作	
顺序	操　作　项　目	执行
1	接值长令＃____送风机启动	
2	检查＃____送风机热机、电气检修工作票结束，安措已拆除	
3	检查＃____送风机现场清洁，照明充足，无影响启动的杂物	
4	所有＃____送风机通道保持平整畅通，照明充足，消防设施齐全	
5	检查＃____送风机各地角螺栓、联轴器及防护罩连接完好	
6	检查＃____送风机电动机接地线牢固，一次接线完好	
7	确认检查____送风机电机轴承油脂已注入正常	
8	手动盘动＃____送风机风机转子无卡涩现象	
9	检查＃____送风机事故按钮完好、保护罩齐全、事故按钮位置正确	
10	检查＃____送风机所有热工仪表、保护投入	
11	检查＃____送风机液压油站、各挡板电源送电正常	
12	检查＃____送风机液压油站油位（1/2～2/3），油温正常；油质良好	
13	检查＃____送风机液压油站控制柜无报警，各指示灯指示正常	
14	开启＃____送风机液压油站冷油器进出口手动门	
15	检查关闭＃____送风机液压油站冷油器旁路手动门	
16	检查开启＃____送风机液压油站各压力表及压力开关前手动门	
17	打开＃____送风机油站冷却水进口门、出口门	
18	打开＃____送风机油站 A、B 油泵出口手动门，＃____送风机油站冷油器回油总阀，＃____送风机油站冷油去入、出口手动门 A 送风机油站冷油去入、出口手动门	
19	打开＃____送风机润滑油站电加热器，对润滑油进行加热	
20	点击＃____送风机润滑油站＃1 油泵，在弹出的操作画面中点击启动按钮，点击确认检查启动按钮变红，油泵启动成功	
21	点击送风机润滑油泵连锁，投入连锁	
22	检查确认电动引风机运行正常，＃____送风机出口电动门 1、2 在关闭状态，＃____送风机动叶在关闭状态	

续表

顺序	操 作 项 目	执行
23	点击＃____送风机，在操作画面里帮助按钮，检查＃____送风机的启动条件是否全部满足	
24	满足启动条件，启动＃____送风机，在弹出的操作画面中点击启动按钮，点击确认，检查启动按钮变红则启动成功	
25	检查＃____送风机轴承振动、轴承温度、电机线圈温度正常	
26	启动电流正常后，检查＃____送风机出口挡板联开	
27	调整送风机动叶开度，保持炉膛负压正常（－100Pa 左右），炉膛风量大致 750t/h	
28	操作完毕，汇报值长	
备注：		
操作人：	值班负责人：	值长：

资源库 42_引风机启动

表 1-10-2　　引风机启动操作票

操作任务：＃____炉＃____汽动引风机启动			
操作开始时间	年　月　日　时　分	操作结束时间	年　月　日　时　分

顺序	危险因素预控项目	执行
1	暖管要充分，防止管道振动	
2	暖机充分后再继续升速	
3	冲转过程中要严密监视小汽轮机振动及轴承温度	
4	操作应缓慢，防止引风机小汽轮机超速和炉膛负压大幅波动	
顺序	**操 作 项 目**	**执行**
1	接值长令＃____汽动引风机启动	
2	检查＃____汽动引风机、小汽轮机及相关系统检修工作结束，工作票终结，安全措施拆除	
3	投运＃____引风机小汽轮机油系统	
4	投入引风机小汽轮机连续盘车	
5	投运两台引风机小汽轮机排汽换热器水侧	
6	投运＃____引风机小汽轮机轴封加热器水侧	
7	投运＃____引风机房冷再或辅助蒸汽蒸汽母管	
8	检查锅炉及风烟道人孔门、检查孔封闭严密、锅炉本体不影响风机启动	
9	联系检修确认＃____引风机轴承已加注润滑脂	
10	确认＃____引风机入口静叶调节挡板动作试验正常	
11	检查＃____引风机轴承冷却风机备用正常，启动＃____轴承冷却风机，另一台投备用	

续表

顺序	操作项目	执行
12	检查再热器调温挡板开启	
13	启动#____引风机小汽轮机轴加风机	
14	检查#____引风机小汽轮机冲转条件满足	
15	调出#____引风机小汽轮机 FMEH 操作画面	
16	按“挂闸”按钮，机组挂闸	
17	按“运行”按钮，开启#____引风机小汽轮机主汽阀	
18	设置#____引风机小汽轮机目标转速 800r/min，升速率每分钟 200r/min	
19	按“进行”按钮，进汽调节阀逐渐开启，机组按给定的升速率增加转速	
20	引风机小汽轮机转速升至 10r/min 时检查小汽轮机盘自动脱开，否则手动打闸	
21	调整引风小汽轮机排汽压力在 0.25MPa 左右	
22	按“进行”按钮，转速升至 800r/min，进行低速暖机 45min 以上	
23	检查引风机小汽轮机暖机正常，设置目标转速 3000r/min，升速率 200r/min	
24	按“进行”按钮，转速升至 3000r/min	
25	根据引风机小汽轮机排汽换热器疏水箱水位启动一台小汽轮机排汽换热器疏水泵	
26	转速升至 2900r/min，检查引风机入口挡板自动联开	
27	开启#____引风机入口静叶，调整炉膛负压－100～－50Pa	
28	将#____引风机入口静叶投自动，检查炉膛负压自动跟踪正常	
29	操作完毕，汇报值长	
备注：		
操作人：	值班负责人：　　　　　　值长：	

三、相关知识

1. 锅炉风烟系统的风烟流程

锅炉风烟系统的任务是连续不断地给锅炉燃料燃烧提供所需的空气量，同时使燃烧生成的含尘烟气流经各受热面和烟气净化装置后，最终由烟囱及时地排至大气。电厂锅炉一般采用机械平衡通风。送风机负责把风送进炉膛，引风机负责把炉膛的烟气排出炉外，并保持炉膛内一定负压。平衡通风不仅使炉膛和风道的漏风量不会太大，而且保证了较高的经济性，又能防止炉内高温烟气外冒，对运行人员的安全和锅炉房的环境均有一定的好处。

资源库 43_风烟系统流程

大型电站锅炉风烟系统的组成基本相同，主要由空气预热器、送风机和引风机等设备及其连接管道组成，锅炉风烟系统如图 1－10－1 所示。

资源库 44_三分仓回转式空气预热器

2. 风烟系统的主要设备

（1）回转式空气预热器。回转式空气预热器是利用烟气余热加热燃烧所需要的空气的热交换设备。它利用了烟气余热，使排烟温度降低，提高了锅炉的效率。同时，被加热的空气减少了着火所需热量，强化了着火和燃烧过程，减少了燃料燃烧的不完全燃烧热损失，使锅炉效率进一步得到提高。

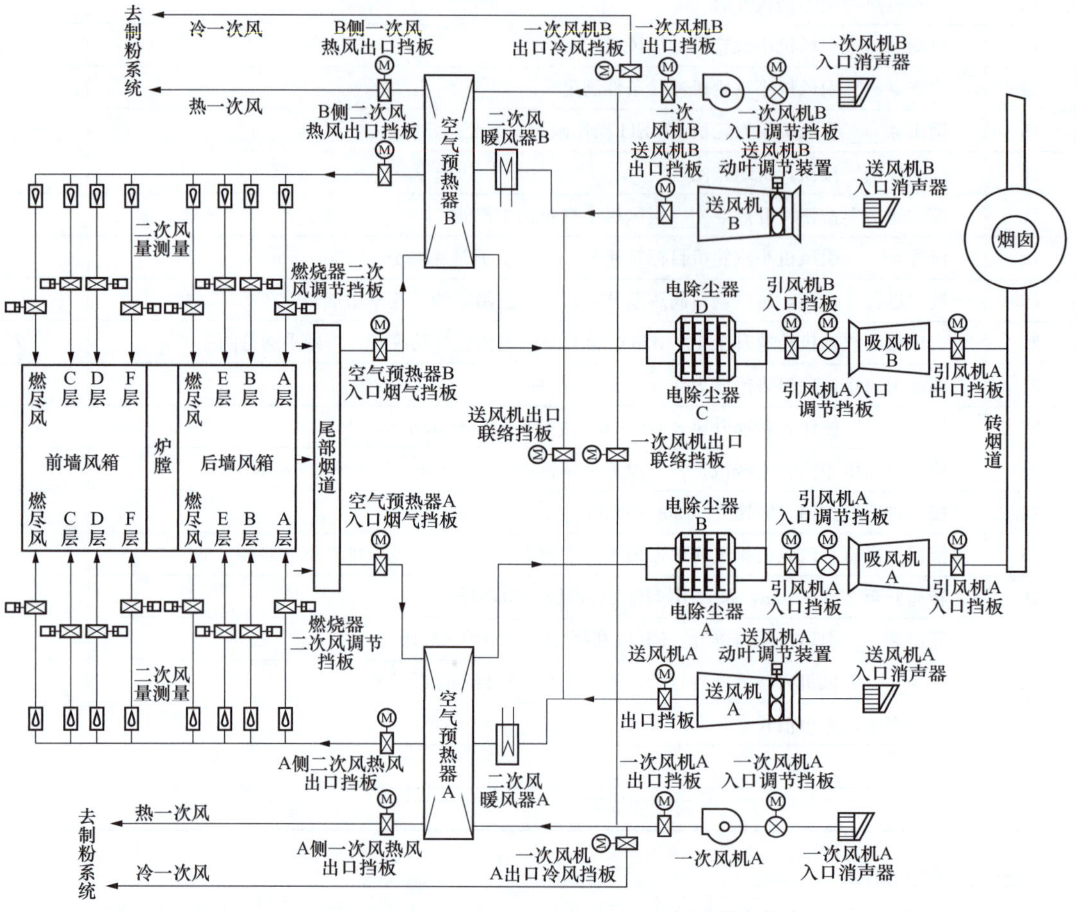

图 1－10－1　锅炉风烟系统

（2）风机。风机是发电厂锅炉设备中重要辅机之一，在锅炉上的应用主要是送风机、引风机和一次风机等。离心风机具有结构简单、运行可靠、制造成本较低、效率较高、噪声小、抗腐蚀性能较好的特点，采用空心机翼型后弯叶片，其效率可高达 85%～92%。但是随着锅炉单机容量的增大，离心风机的容量已经受到叶轮材料强度的限制，离心风机过大的尺寸，会给制造、运行等方面带来一定的困难。大容量离心式风机也采用双吸双速离心风机技术。

四、 完成任务

登录 660MW 超超临界机组（含 330MW 亚临界机组、350MW 超临界循环流化床机组、50MW 循环流化床母管制机组）系统平台，严格按规范巡检程序完成风烟系统的启动工作。

五、 任务评价

根据工作任务的完成情况，对照评价项目和技术标准规范，逐项评价，确定技能水平和改进的要求。送风机启动评价表见表 1－10－3。

表 1-10-3　　送风机启动评价表

内　容		评　价	
学习目标	评　价　项　目	个人评价	教师评价
知识目标	热态允许启动一次，冷态允许启动两次，但两次启动时间间隔必须在 5min 以上		
	启动前检查出口挡板、风机动叶应关闭，防止炉膛负压波动过大		
	风机倒转严重时不允许启动		
	合上开关，电机不转、倒转或转速明显缓慢时立即停止运行		
	风机启动后，若风机内部有明显的金属摩擦或撞击声应立即停止运行		
	启动后注意监视轴承温度及振动情况和上升趋势，若超限应立即停运		
	启动前检查电气热工保护投入正常		
	风机并列过程中注意风量和负压的调整，出现异常情况应停止操作		
技能目标	接值长令＃____送风机启动		
	检查＃____送风机热机、电气检修工作票结束，安措已拆除		
	检查＃____送风机现场清洁，照明充足，无影响启动的杂物		
	＃____送风机所有通道保持平整畅通，照明充足，消防设施齐全		
	检查＃____送风机各地角螺栓、对轮及防护罩连接完好		
	检查＃____送风机电动机接地线牢固，一次接线完好		
	确认检查＃____送风机电机轴承油脂已注入正常		
	手动盘动＃____送风机风机转子无卡涩现象		
	检查＃____送风机事故按钮完好、保护罩齐全、事故按钮位置正确		
	检查＃____送风机所有热工仪表、保护投入		
	检查＃____送风机液压油站、各挡板电源送电正常		
	检查＃____送风机液压油站油位（1/2～2/3），油温正常；油质良好		
	检查＃____送风机液压油站控制柜无报警，各指示灯指示正常		
	开启＃____送风机液压油站冷油器进出口手动门		
	检查关闭＃____送风机液压油站冷油器旁路手动门		
	检查开启＃____送风机液压油站各压力表及压力开关前手动门		
	打开＃____送风机油站冷却水进口门、出口门		
	打开＃____送风机油站 A、B 油泵出口手动门，＃____送风机油站冷油器回油总阀，＃____送风机油站冷油去入、出口手动门，＃____送风机油站冷油器入、出口手动门		
	打开＃____送风机润滑油站电加热器，对润滑油进行加热		

续表

内容		评价	
学习目标	评价项目	个人评价	教师评价
技能目标	点击＃____送风机润滑油站1号油泵，在弹出的操作画面中点击启动按钮，点击确认检查启动按钮变红，油泵启动成功		
	点击送风机润滑油泵连锁，投入连锁		
	检查确认电动引风机运行正常，＃____送风机出口电动门1、2在关闭状态，＃____送风机动叶在关闭状态		
	点击＃____送风机，在操作画面里帮助按钮，检查＃____送风机的启动条件是否全部满足		
	满足启动条件，启动＃____送风机，在弹出的操作画面中点击启动按钮，点击确认，检查启动按钮变红则启动成功		
	检查＃____送风机轴承振动、轴承温度、电机线圈温度正常		
	启动电流正常后，检查＃____送风机出口挡板联开		
	调整送风机动叶开度，保持炉膛负压正常（－100Pa左右），炉膛风量大致750t/h		
	操作完毕，汇报值长		
素质目标	沟通能力		
	团队合作能力		
	方法创新能力		
	突发事件处理能力		
改进要求			

六、课后练习

（1）简述风烟系统的工艺流程。

（2）制订风烟系统启动的操作票。

（3）利用仿真平台训练风烟系统的启动操作。

工作任务十一　锅炉点火及升温升压

资源库45_微油点火

资源库46_锅炉升温升压

一、工作描述

检查点火燃烧系统应具备启动条件。

启动点火燃烧器运行。

二、任务分析

这项任务需要按顺序进行阀门的开关操作，完成锅炉点火及升温升压（以660MW机组为例，其他类型机组参照执行）。为此，需要严格按照操作票规定的顺序，逐项完成。启动点火、升温升压的操作票见表1－11－1。

表 1-11-1　　启动点火、升温升压的操作票

操作任务：锅炉点火、升温升压			
操作开始时间	年 月 日 时 分	操作结束时间	年 月 日 时 分
顺序	危险因素预控项目		执行
1	确认锅炉燃油系统循环，检查油系统无泄漏		
2	确认炉膛点火允许条件		
顺序	操作项目		执行
1	锅炉满足点火条件后，由值长发令，锅炉点火		
2	打开微油供油流量计进、出口门，打开微油供油滤网出口门		
3	打开微油助燃风手动总门		
4	打开 D1 小油枪供油手动门、压缩空气至 D1 小油枪吹扫手动门、压缩空气至 D1 小油枪总手动门。按照同样的方法打开 D2～D6 各手动门		
5	打开油枪蒸汽吹扫供汽门、A1 至 A1 油枪供油手动门、A1 至 A1 油枪蒸汽吹扫手动门。按照同样的方法投运其他油层的手动门		
6	按照同样操作投入 B、C、E、F 油层的手动门		
7	调节少油压力调节阀至压力 2MPa 以上（要求压力大于 0.8MPa）		
8	检查少油点火条件是否都满足		
9	如果油枪未吹扫，需进行油组吹扫，吹扫完成显示油枪已吹扫		
10	单击 D2，在弹出的操作画面中单击启动帮助，检查启动条件都允许，无跳闸条件，单击启动按钮，当观察到燃烧器出口有明显的火焰时，则表明点火成功。按照相同的步骤投运剩下的 5 只油枪		
11	确认油枪燃烧状况、火检运行状况良好。观察火焰电视监视炉膛燃烧状况正常。如有必要，可进行适当的配风调整		
12	打通 D 磨煤机一次风通道（开启磨煤机冷一次风门、混合风门、6 个 PC 闸），启动 A 一次风机，启动一台密封风机，调整密封风与一次风差压正常		
13	投入邻炉热风或风道燃烧器		
14	锅炉投粉前，联系辅控人员投入袋式除尘器		
15	点火 1h 后，空气预热器出口二次风温达 180℃，一次风温达到 160℃后可视情况启动 D 制粉系统运行。制粉系统投入后应注意监视调整炉膛煤粉燃烧状况，逐渐增加磨煤机出力，适当退出部分油枪运行，调整煤粉与燃油的燃烧比例		
16	检查干式除渣机运行正常		
17	锅炉点火后，当高压旁路前主蒸汽压力起压后，注意高压旁路应缓慢开启，当高压旁路阀开至 20%开度时，高压旁路进入定压模式。手动开启低压旁路至 40%开度，在汽轮机冲转前或低压旁路阀前压力达到 0.8MPa 时，将低压旁路投入自动，进入压力控制方式，维持中压主汽门前压力为 0.8MPa		
18	当主汽压力达 0.15MPa 时，关闭分离器出口管道、过热器、再热器所有放空气门。开启汽轮机侧主、再热蒸汽管道疏水		
19	当主汽压力为 0.3～0.4MPa 时，通知检修人员热紧螺栓（新安装或检修后的锅炉）		

续表

顺序	操 作 项 目	执行
20	当主汽压力为 0.5～0.7MPa 时发生汽水膨胀，热态冲洗应在汽水膨胀结束后进行，通过储水箱溢流阀进行锅炉热态冲洗，当储水箱排水 Fe≤50μg/L、SiO_2≤50μg/L 时热态冲洗结束。新机组热态冲洗取决于炉水和过热蒸汽 SiO_2 的含量，只有炉水和过热蒸汽的品质合格后方可升温升压至冲转参数	
21	当压力为 0.5～0.7MPa，发生汽水膨胀时，应注意控制储水箱水位，防止水位突然升高	
22	锅炉热态冲洗合格，冷再热蒸汽压力正常，再热冷段至小汽轮机汽源管道暖管投入	
23	主汽压力升至 0.5～0.6MPa 时，通知热工人员冲洗仪表表管	
24	当主汽压力达到 0.8MPa 时，关闭以下疏水阀门： （1）锅炉尾部环形集箱疏水电动一、二次阀； （2）中隔墙下集箱疏水电动一、二次阀； （3）低温再热器入口疏水电动一、二次阀	
25	操作完毕，汇报值长	
备注：		
操作人：	值班负责人：	值长：

三、相关知识

1. 锅炉点火前准备

（1）确认过热器出口 PCV 阀备用良好。

（2）确认脱硫岛已投运（至少两台浆液循环泵已运行）。

（3）确认各油枪点火器电源均已正常投入。

（4）确认机组真空已建立。

（5）确认锅炉燃油系统循环，控制燃油压力 3.0MPa，检查油系统无泄漏。

资源库 47_炉膛吹扫

资源库 48_燃油泄漏试验

2. 炉膛点火允许条件

（1）MFT 已复位。

（2）吹扫完成。

（3）火检冷却风正常。

（4）总风量大于 30%。

（5）给水流量正常（不小于 303t/h）。

3. 油点火的允许条件

（1）炉膛点火条件满足。

（2）OFT 已复位。

（3）进油速关阀已开。

（4）油压正常。

（5）无首支点火失败信号（第一支油枪点火失败后闭锁 60s）。

（6）油泄漏试验完成。

4. 煤点火的允许条件

（1）炉膛点火条件满足。

(2) 4/6 个以上微油燃烧器均运行或空气预热器出口二次风温度大于 160℃或任一层启动油燃烧器 4/6 以上运行。

(3) 两台一次风机全部运行或只有一台一次风机运行且已投运的煤组少于三组。

5. 微油点火的允许条件

(1) 炉膛点火的条件满足。

(2) OFT 已复位。

(3) 油泄漏试验完成或旁路。

(4) 微油母管油压正常（大于 0.8MPa）。

(5) 压缩空气压力不低（大于 0.5MPa）。

(6) 任意一次风机运行。

四、 完成任务

登录 660MW 超超临界机组（含 330MW 亚临界机组、350MW 超临界循环流化床机组、50MW 循环流化床母管制机组）系统平台，严格按规范巡检程序完成锅炉点火及升温升压的启动工作。

五、 任务评价

根据工作任务的完成情况，对照评价项目和技术标准规范，逐项评价，确定技能水平和改进的要求。启动点火、升温升压的评价表见表 1-11-2。

表 1-11-2　　启动点火、升温升压的评价表

内容		评价	
学习目标	评价项目	个人评价	教师评价
知识目标	描述油点火允许条件		
	描述煤点火允许条件		
	描述炉膛点火允许条件		
技能目标	锅炉满足点火条件后，由值长发令，锅炉点火		
	打开微油供油流量计进、出口门，打开微油供油滤网出口门		
	打开微油助燃风手动总门		
	打开 D1 小油枪供油手动门，压缩空气至 D1 小油枪吹扫手动门，压缩空气至 D1 小油枪总手动门。按照同样的方法打开 D2～D6 各手动门		
	点击打开油枪蒸汽吹扫供汽门，打开 A1 至 A1 油枪供油手动门，A1 至 A1 油枪蒸汽吹扫手动门。按照同样的方法投运其他全部油层的手动门		
	按照同样操作投入 B、C、E、F 油层的手动门		
	调节少油压力调节阀至压力 2MPa 以上（要求压力大于 0.8MPa）		
	检查少油点火条件是否都满足		
	如果油枪未吹扫，需进行油组吹扫，吹扫完成显示油枪已吹扫		
	点击 D2，在弹出的操作画面中点击启动帮助，检查启动条件都允许，无跳闸条件，点击启动按钮，当观察到燃烧器出口有明显的火焰显示时，表明点火成功。按照相同的步骤投运其余 5 只油枪		

续表

内容		评价	
学习目标	评价项目	个人评价	教师评价
技能目标	确认油枪燃烧状况、火检运行状况良好。观察火焰电视监视炉膛燃烧状况正常。如有必要，可进行适当的配风调整		
	打通D磨煤机一次风通道（开启磨煤机冷一次风门、混合风门、6个PC闸），启动A一次风机，启动一台密封风机，调整密封风与一次风差压正常		
	投入邻炉热风或风道燃烧器		
	锅炉投粉前，联系辅控人员投入袋式除尘器		
	点火1h后，空气预热器出口二次风温达180℃，一次风温达到160℃后可视情况启动D制粉系统运行。制粉系统投入后应注意监视调整炉膛煤粉燃烧状况，逐渐增加磨煤机出力，适当退出部分油枪运行，调整煤粉与燃油的燃烧比例		
	检查干式除渣机运行正常		
	锅炉点火后，当高压旁路前主蒸汽压力起压后，高压旁路应缓慢开启，当高压旁路阀开至20%开度时，高压旁路进入定压模式。手动开启低压旁路至40%开度，在汽轮机冲转前或低压旁路阀前压力达到0.8MPa时，将低压旁路投入自动，进入压力控制方式，维持中压主汽门前压力为0.8MPa		
	当主汽压力达0.15MPa时，关闭分离器出口管道、过热器、再热器所有放空气门。开启汽轮机侧主、再热蒸汽管道疏水		
	主汽压0.3～0.4MPa，通知检修人员热紧螺栓（新安装或检修后的锅炉）		
	主汽压力0.5～0.7MPa发生汽水膨胀时，热态冲洗应在汽水膨胀结束后进行，通过储水箱溢流阀进行锅炉热态冲洗。当储水箱排水Fe≤50μg/L，SiO_2≤50μg/L时热态冲洗结束。新机组热态冲洗取决于炉水和过热蒸汽SiO_2的含量，只有炉水和过热蒸汽的品质合格后方可升温升压至冲转参数		
	压力0.5～0.7MPa发生汽水膨胀时，应注意控制储水箱水位，防止水位突然升高		
	锅炉热态冲洗合格，冷再热蒸汽压力正常，再热器冷段至小汽轮机汽源管道暖管投入		
	主汽压升至0.5～0.6MPa时，通知热工人员冲洗仪表表管		
	当主汽压力达0.8MPa时，关闭以下疏水阀门： 1）锅炉尾部环形集箱疏水电动一、二次阀； 2）中隔墙下集箱疏水电动一、二次阀； 3）低温再热器入口疏水电动一、二次阀		
	操作完毕，汇报值长		

续表

内　　容		评　　价	
学习目标	评　价　项　目	个人评价	教师评价
素质目标	沟通能力		
	团队合作能力		
	方法创新能力		
	突发事件处理能力		
改进要求			

六、 课后练习

（1）简述燃油泄漏试验的操作。

（2）制订炉膛吹扫的操作票。

（3）利用仿真平台训练点火，升温升压的启动操作。

工作任务十二　旁路系统投运

只有蒸汽中间再热机组才配备汽轮机旁路系统，该系统主要用于机组在启、停或事故工况下主、再热蒸汽参数和流量的调节以及对锅炉和汽轮机的保护。

一、 任务描述

检查旁路系统阀门、仪表、设备送电正常。

按规程进行各阀门开、关操作。

二、 任务分析

这项任务需要按顺序进行阀门的开关操作，完成旁路系统的启动（以660MW机组为例，其他各类型机组参照执行）。为此，需要严格按照操作票规定的顺序，逐项完成。旁路系统启动操作票见表1-12-1。

资源库49_旁路系统投运

表1-12-1　　　　旁路系统启动操作票

<table>
<tr><td colspan="5">操作任务：旁路系统启动</td></tr>
<tr><td colspan="2">操作开始时间</td><td>年　月　日　时　分</td><td>操作结束时间</td><td>年　月　日　时　分</td></tr>
<tr><td>顺序</td><td colspan="3">危险因素预控项目</td><td>执行</td></tr>
<tr><td>1</td><td colspan="3">冷再热管道超温后：调整高压旁路减温水阀，控制高压旁路后的温度</td><td></td></tr>
<tr><td>2</td><td colspan="3">防止高、低压旁路路管道积水引起管道振动</td><td></td></tr>
<tr><td>顺序</td><td colspan="3">操　作　项　目</td><td>执行</td></tr>
<tr><td>1</td><td colspan="3">汇报值长，#____机进行旁路投入操作</td><td></td></tr>
<tr><td>2</td><td colspan="3">投运#____机水幕保护</td><td></td></tr>
<tr><td>3</td><td colspan="3">开启#____机三级减温器减温水手动门，开启三级减温水电动门及调节门</td><td></td></tr>
<tr><td>4</td><td colspan="3">开启低压旁路减压阀进行暖管</td><td></td></tr>
</table>

续表

顺序	操 作 项 目	执行
5	缓慢开启＃____机高压旁路减温减压阀进行暖管	
6	＃____机低压旁路入口管暖管完毕后，逐渐开启＃____机低压旁路减温减压阀，开启＃____机低压旁路减温水调节门，控制低压旁路出口的温度不高过120℃	
7	＃____机高压旁路减温水电动门、调节门、手动门，控制冷再入口温度不超过330℃	
8	调整＃____机高、低压旁路减压调节阀及其减温水调节阀，使主再热蒸汽压力、温度达冲转参数（根据实际情况需要，开大或关小高、低压旁路减压调节阀）	
9	汇报值长，＃____机高、低压旁路系统投运完毕	
备注：		
操作人：	值班负责人：	值长：

资源库50_旁路系统流程

三、相关知识

1. 旁路系统的组成

汽轮机旁路系统是指与汽轮机并联的蒸汽减温减压系统。通过该系统可使主蒸汽（或再热蒸汽）不进入汽轮机通流部分做功，而是经过减压减温后直接引入再热器或凝汽器。

我国再热机组的旁路系统习惯采用由高压旁路和低压旁路组成的两级串联系统。高压旁路大体上与汽轮机高压缸相并联，通常设置在主汽门前主蒸汽管道与高压缸排汽止回阀后再热蒸汽管道之间。低压旁路则与汽轮机的中、低压缸并联，设置在热再热管道与凝汽器之间。高压旁路系统通常设有一级减温减压装置，而低压旁路则设有两级减温减压装置。低压旁路的第二级减温减压装置安装在凝汽器的喉部。在汽轮机不需要进汽时，主蒸汽可通过高压旁路减温减压后进入再热器。热再热蒸汽经低压旁路减温减压后排入凝汽器。旁路系统的容量可以根据单元机组调峰、启动的需要选定，一般为30%～40%，最高可达100%。

2. 旁路系统的作用

（1）机组启动时，通过旁路将不符合参数要求的蒸汽排入凝汽器，尽快使锅炉出口的汽温、汽压和汽轮机冲转时要求的汽温、汽压相匹配，从而缩短启动时间，减少工质损失，减少启动费用。

（2）在汽轮机跳闸后，将锅炉产生的多余蒸汽导入凝汽器，锅炉维持在最低负荷下稳定运行，实现停机不停炉的运行方式。

（3）在发电机甩负荷后，通过旁路将多余蒸汽排入凝汽器，锅炉在最低负荷下稳定运行，维持汽轮机空转或带厂用电运行。

（4）锅炉汽压过高时，旁路开启，可避免锅炉超压并减少工质损失。

（5）保护再热器，在锅炉点火至汽轮机冲转前或汽轮机跳闸锅炉带最低稳燃负荷运行时，由旁路系统为再热器提供一通流回路，使再热器得到充分冷却，避免干烧损坏。

四、 完成任务

登录660MW超超临界机组（含330MW亚临界机组、350MW超临界循环流化床机组、50MW循环流化床母管制机组）系统平台，严格按规范巡检程序完成旁路系统的启动工作。

五、任务评价

据工作任务的完成情况，对照评价项目和技术标准规范，逐项评价，确定技能水平和改进的要求。旁路系统启动评价表见表1-12-2。

表1-12-2　　　旁路系统启动评价表

内　容		评　价	
学习目标	评　价　项　目	个人评价	教师评价
知识目标	冷再热管道超温后：调整高压旁路减温水阀，控制高压旁路后的温度		
	防止高、低压旁路路管道积水引起管道振动		
技能目标	汇报值长，#____机进行旁路投入操作		
	投运#____机水幕保护		
	开启#____机三级减温器减温水手动门，开启三级减温水电动门及调节门		
	开启低压旁路减压阀进行暖管		
	缓慢开启#____机高压旁路减温减压阀进行暖管		
	#____机低压旁路入口管暖管完毕后，逐渐开启低压旁路减温减压阀，开启#____机低压旁路减温水调节门，控制低压旁路出口的温度不高过120℃		
	开启#____机高压旁路减温水电动门、调节门、手动门，控制再热冷段入口温度不超过330℃		
	调整#____机高、低压旁路减压调节阀及其减温水调节阀，使主再热蒸汽压力、温度达到冲转参数（根据实际情况需要，开大或关小高、低压旁路减压调节阀）		
	汇报值长，#____机高、低压旁路系统投运完毕		
素质目标	沟通能力		
	团队合作能力		
	方法创新能力		
	突发事件处理能力		
改进要求			

六、 课后练习

（1）描述旁路系统的组成。

（2）简述旁路系统的功能。

（3）利用仿真平台训练旁路系统的启动操作。

工作任务十三　汽 轮 机 冲 转

汽轮机启动是指汽轮机从停用状态，按一定的程序进行盘车、冲转、升速暖机、定速、并网接带初负荷直到带满额定负荷的全部过程。冲转是汽轮机启动过程中的重要环节，是指汽轮机从挂闸开始，主汽门和调节汽门开启，蒸汽进入汽轮机冲动转子旋转，盘车自动脱扣的全过程。

资源库 51_冲转前检查　　资源库 52_冲转至 500r/min　　资源库 53_冲转至 1500r/min　　资源库 54_冲转至 2300r/min　　资源库 55_冲转至 3000r/min

一、 任务描述

按规程进行各阀门开、关操作、完成汽轮机冲转升速操作。

二、 任务分析

这项任务需要按顺序进行阀门的开关操作，完成汽轮机冲转与升速操作（以 660MW 机组为例，其他各类型机组参照执行）。为此，需要严格按照操作票规定的顺序，逐项完成。汽轮机冲转与升速操作票见表 1－13－1。

表 1－13－1　　汽轮机冲转与升速操作票

<table>
<tr><td colspan="4">操作任务：汽轮机冲转与升速</td></tr>
<tr><td>操作开始时间</td><td>年　月　日　时　分</td><td>操作结束时间</td><td>年　月　日　时　分</td></tr>
<tr><td>顺序</td><td colspan="2">危险因素预控项目</td><td>执行</td></tr>
<tr><td>1</td><td colspan="2">检查各辅助系统已在投运状态</td><td></td></tr>
<tr><td>顺序</td><td colspan="2">操 作 项 目</td><td>执行</td></tr>
<tr><td>1</td><td colspan="2">在 DEH“自动控制”画面确认“启动方式”为“中压”；“阀位限制”为“120%”；“倒暖”为“否”；“阀壳预暖”为“否”，ATC 启动方式切除</td><td></td></tr>
<tr><td>2</td><td colspan="2">进入 DEH“自动控制”画面，点“汽轮机挂闸”按钮，选择“挂闸”，当“汽轮机挂闸”状态显示为“挂闸”，表示汽轮机在已挂闸状态</td><td></td></tr>
<tr><td>3</td><td colspan="2">点击“正暖”，选择“投入”</td><td></td></tr>
<tr><td>4</td><td colspan="2">选择“升速率”设定 100r/min，选择“目标转速”设定 500r/min，按“进行”</td><td></td></tr>
<tr><td>5</td><td colspan="2">当汽轮机转速大于盘车转速时，确认盘车装置应自动脱开，否则应立即打闸停机</td><td></td></tr>
<tr><td>6</td><td colspan="2">当实际转速达到 500r/min 时，在 DEH“自动控制”画面，点“摩擦检查”按钮，选择“投入”，确认所有的调阀关闭，汽轮机转速逐渐下降，进行摩擦检查</td><td></td></tr>
<tr><td>7</td><td colspan="2">摩擦检查完成后，确认机组冲转后无异常，在 DEH“自动控制”画面，点“摩擦检查”按钮，选择“切除”，重新选择“目标转速”选定为 1500r/min，“升速率”设定 100r/min，按“进行”升速</td><td></td></tr>
</table>

续表

顺序	操 作 项 目	执行
8	转速达 1500r/min 时，检查发电机各碳刷无跳动、卡涩或接触不良等现象	
9	点击“正暖”，选择“切除”，确认主汽调节阀逐渐关小至全关，高排通风阀（VV 阀）全开，机组转速由中压调节阀控制在 1500r/min	
10	将“目标转速”设定 2350r/min，“升速率”设定 100r/min。按“进行”，确认汽轮机转速以 100r/min 速率上升	
11	在汽轮机转速达 2000r/min 时，检查确认顶轴油泵自动停止，否则手动停止顶轴油泵并投备用	
12	汽轮机在 2350r/min 暖机 80min，暖机期间，注意维持主汽、再热汽压力及温度稳定，确认机组旁路控制正常	
13	将“目标转速”设定 3000r/min，“升速率”设定 100r/min。按“进行”，确认汽轮机转速以 100r/min 速率上升	
14	操作完成，汇报值长	
备注：		
操作人：	值班负责人：　　　　值长：	

三、相关知识

1. 机组全面检查

当汽轮机稳定在 3000r/min 时，对机组进行全面检查，进行以下操作和确认：

（1）确认润滑油温以及各轴承回油温度正常，润滑油温度自动控制为 40～45℃。

（2）确认主油泵入口压力 0.098～0.147MPa，出口油压大于或等于 1.37MPa，轴承润滑油压力 0.137～0.176MPa。

（3）投入发电机氢气冷却器冷却水，并投入氢温自动控制。

（4）确认发电机氢气系统、定冷水系统、密封油系统运行正常。

2. 汽轮机冲转注意事项

（1）机组冲转前，化学化验汽水品质合格方可冲转，升速过程中定期进行水质化验，以确保合格的汽水品质。

（2）机组冲转前，确认低压缸喷水控制阀在“自动”状态。在机组冲转后，要注意监视维持低压缸排汽温度在允许范围（小于 80℃）。

（3）机组在升速过程中应注意倾听汽轮机、发电机内转动部分有无异常声音。

（4）汽轮发电机组在冲转过程中应严密监视主机本体监测画面中各参数，保证各参数在允许范围内。

（5）在汽轮机升速过程中，如果出现异常情况需要暂停升速时，可按下“保持”按钮，则汽轮机停止升速并保持在当时转速。但严禁在汽轮机临界转速范围内停留。

（6）汽轮机冲转过程应注意监视及调整凝汽器、除氧器水位。

（7）汽轮机升速过程中注意调整主机润滑油温、发电机密封油压；监视发电机氢压、风温。

（8）汽轮机冲转过程中注意汽缸温差、胀差、轴向位移不超限。发现滑销系统卡涩时，应延长暖机时间或制订解决措施，防止汽缸不均匀膨胀变形引起振动。

四、完成任务

登录660MW超超临界机组（含330MW亚临界机组、350MW超临界循环流化床机组、50MW循环流化床母管制机组）系统平台，严格按规范巡检程序完成汽轮机冲转的启动工作。

五、任务评价

据工作任务的完成情况，对照评价项目和技术标准规范，逐项评价，确定技能水平和改进的要求。汽轮机冲转与升速评价表见表1-13-2。

表1-13-2　　汽轮机冲转与升速评价表

内容		评价	
学习目标	评价项目	个人评价	教师评价
知识目标	描述汽轮机冲转与升速操作		
	了解汽轮机冲转注意事项		
技能目标	在DEH“自动控制”画面确认“启动方式”为“中压”；“阀位限制”为“120%”；“倒暖”为“否”；“阀壳预暖”为“否”，ATC启动方式切除		
	进入DEH“自动控制”画面，点“汽轮机挂闸”按钮，选择“挂闸”，当“汽轮机挂闸”状态显示为“挂闸”，表示汽轮机在已挂闸状态		
	点击“正暖”，选择“投入”		
	选择“升速率”设定100r/min，选择“目标转速”设定500r/min，按“进行”		
	当汽轮机转速大于盘车转速时，确认盘车装置应自动脱开，否则应立即打闸停机		
	当实际转速达到500r/min时，在DEH“自动控制”画面，点“摩擦检查”按钮，选择“投入”，确认所有的调节阀关闭，汽轮机转速逐渐下降，进行摩擦检查		
	摩擦检查完成后，确认机组冲转后无异常，在DEH“自动控制”画面，点“摩擦检查”按钮，选择“切除”，重新选择“目标转速”选定为1500r/min，“升速率”设定100r/min，按“进行”升速		
	转速达1500r/min时，检查发电机各碳刷无跳动、卡涩或接触不良等现象		
	点击“正暖”，选择“切除”，确认主汽调节阀逐渐关小至全关，高排通风阀（VV阀）全开，机组转速由中压调节阀控制在1500r/min		

续表

内　　容		评　　价	
学习目标	评　价　项　目	个人评价	教师评价
技能目标	将“目标转速”设定 2350r/min，“升速率”设定 100r/min。按“进行”，确认汽轮机转速以 100r/min 速率上升		
	在汽轮机转速达 2000r/min 时，检查确认顶轴油泵自动停止，否则手动停止顶轴油泵并投备用		
	汽轮机在 2350r/min 暖机 80min，暖机期间，注意维持主汽、再热汽压力及温度稳定，确认机组旁路控制正常		
	将“目标转速”设定 3000r/min，“升速率”设定 100r/min。按“进行”，确认汽轮机转速以 100r/min 速率上升		
	操作完成，汇报值长		
素质目标	沟通能力		
	团队合作能力		
	方法创新能力		
	突发事件处理能力		
改进要求			

六、课后练习

（1）描述汽轮机冲转与升速操作。

（2）了解汽轮机冲转注意事项。

工作任务十四　高、低压加热器投运

工作子任务一　高压加热器的投运

高压加热器是指位于给水泵与锅炉之间的回热加热器。它与除氧器和低压加热器及其相应管道共同构成回热系统，利用汽轮机抽汽加热锅炉给水，用来提高机组的循环热效率。

一、任务描述

按规程进行各阀门开、关操作。

投入高压加热器。

二、任务分析

这项任务需要按顺序进行阀门的开关操作，完成高压加热器的投运（以 660MW 机组为例，其他各类型机组参照执行）。为此，需要严格按照操作票规定的顺序，逐项完成。高压加热器投运操作票见表 1-14-1。

资源库 56_高压加热器投运

表 1－14－1　　高压加热器投运操作票

操作任务：#____机高压加热器随机投运			
操作开始时间	年　月　日　时　分	操作结束时间	年　月　日　时　分

顺序	危险因素预控项目	执行
1	加热器投入前试漏，若钢管漏，则不能投入加热器；确认加热器高水位保护动作正常，各疏水畅通	
2	投入高压加热器前要进行充分暖管，加热器要充分放气，防止切换主路时，发生振动或暖管不充分引起加热器振动	
3	高压加热器投运前就地进行抽汽止回阀活动实验，及时发现卡涩故障	
4	投入高压加热器前，应检查并关闭汽侧和水侧放水、放空气门；投入后，若各放水、放气门内漏，应设法关闭严密，如内漏影响机组正常运行，则解列加热器	
顺序	操　作　项　目	执行
1	得令：#____机高压加热器随机投运	
2	检查各自动、信号及报警装置齐全、完好	
3	检查各电动门电源、气动门气源送上，所有表计投入	
4	联系热控人员检查并确认高压加热器连锁保护试验合格并投入	
5	全面检查#____机高压加热器系统各阀门置于启动前位置，具备投运条件	
6	检查高压加热器水侧、汽侧放水门关闭	
7	检查给水管道各放水门关闭	
8	开启高压加热器注水门，1～3 号高压加热器及蒸汽冷却器水侧放空气门见水后关闭	
9	检查高压加热器水侧注水结束，高压加热器水侧压力应与母管压力一致	
10	检查高压加热器及蒸汽冷却器汽侧水位，应无异常升高	
11	开启蒸汽冷却器出口电动门	
12	开启 3 号高压加热器入口电动门（三通阀）	
13	关闭高压加热器注水门	
14	检查水侧应无外漏现象	
15	注意给水压力及流量变化，高压加热器水侧投入完毕	
16	检查 1～3 号高压加热器及蒸汽冷却器汽侧排大气门、放水门应全部关闭	
17	开启一、二、三抽汽电动门前及止回阀前、后疏水启动门	
18	开启各加热器紧急疏水气动电动门及正常疏水电动门	
19	开启各加热器紧急疏水气动调节门、关闭正常疏水调节门	
20	机组冲转后依次开启三、二、一段抽汽止回阀，稍开 3、2、1 号高压加热器进汽门暖高压加热器，控制出口水温变化率≤1℃/min	
21	高压加热器暖体结束后，全开高压加热器进汽电动门	
22	监视给水温度上升情况，注意锅炉燃料变化情况，及时调整主蒸汽、再热蒸汽温度稳定	

续表

顺序	操　作　项　目	执行
23	当疏水压差大于0.2MPa时，将1、2号危急疏水逐渐倒至正常疏水；当三段抽汽压力高于除氧器压力0.3MPa时，将3号高压加热器危急疏水切换至除氧器	
24	当主机负荷大于10%时，关闭1、2、3号高加抽汽管道疏水门，全面检查高加系统，投入高加水位调节自动	
25	操作完毕，汇报值长	
备注：		
操作人：　　　　　　　　　　值班负责人：　　　　　　　　　　值长：		

三、相关知识

1. 高压加热器的疏水与排气

高压加热器在正常运行工况下，疏水采用逐级自流到除氧器的方式。在事故工况下的危急疏水，则采用直接排放到事故疏水扩容器的方式。在机组启、停过程或低负荷工况，疏水不能自流到除氧器时，可将疏水排到事故疏水扩容器。正常运行时，通过疏水调节阀控制加热器水位。加热器的危急疏水阀通常不参与水位调节，只在水位高二值时起保护作用。

资源库57_高压加热器结构

高压加热器的启动排气排入大气，运行（连续）排气则排入除氧器。为减少连续排气带走的蒸汽量，在运行排气管上设有节流孔板。

2. 表面式加热器的运行维护

（1）注意监视加热器水位的变化，防止无水位运行或高水位运行。

（2）定期核对DCS水位和就地水位计指示是否相符。

（3）注意负荷与疏水调节阀的开度及低压加热器疏水泵出口流量和转速对应关系，当负荷不变而疏水调节阀开度增大或流量增大，或低压加热器疏水泵转速升高时，表明加热器管束可能出现泄漏或者疏水调节门通流面积减少等问题。

（4）注意核对加热器疏水冷却段端差，发现端差增大时，应分析原因，并及时进行处理。

（5）检查加热器的连续排空气门应在开启状态。

（6）运行中应经常对加热器进水温度、出水温度、进汽温度、水位等参数进行监视，若发现加热器出水温度明显降低且汽侧水位偏高，而进汽温度又正常时，则可能发生了水侧泄漏，应及时分析并处理。

（7）检查加热器及其抽汽管道、疏水管道等应无泄漏、无振动、无冲击现象。

（8）若加热器水位达到保护值，检查保护动作应正常，分析水位波动的原因，及时进行处理，并确认加热器受热面无泄漏。

（9）在加热器解列过程中，应密切注意机组真空、负荷、各监视段压力、轴向位移、推力瓦温度的变化情况，发现异常情况应及时采取措施处理。

3. 高压加热器的查漏

（1）高压加热器运行中查漏。判断高压加热器投运中管束是否有泄漏现象，当压力信号或阀杆指示器表示阀门是微启着，或者比该负荷条件下的通常开启度大，并且负荷是稳定的，这表明疏水流出流量比高压加热器负荷要大，多出的疏水量必定源于管子泄漏。在此基础上，进一步根据高压加热器性能参数的变化进一步判断高压加热器是否泄漏。

（2）高压加热器启动前查漏。关闭汽侧疏水门及危急疏水电动门，开启电动给水泵，向高压加热器水侧供水，观察汽侧玻璃管水位计。当汽侧水位上升，上升的水量必定来源于管束泄漏。

四、 完成任务

登录660MW超超临界机组（含330MW亚临界机组、350MW超临界循环流化床机组、50MW循环流化床母管制机组）系统平台，严格按规范巡检程序完成高压加热器的启动工作。

五、 任务评价

根据工作任务的完成情况，对照评价项目和技术标准规范，逐项评价，确定技能水平和改进的要求。高压加热器投运评价表见表1-14-2。

表1-14-2　高压加热器投运评价表

内容		评价	
学习目标	评价项目	个人评价	教师评价
知识目标	描述高压加热器的组成		
	描述高压加热器的查漏方式		
技能目标	得令：#____机高压加热器随机投运		
	检查各自动、信号及报警装置应齐全、完好		
	检查各电动门电源、气动门气源送上，所有表计投入		
	联系热控人员检查并确认高压加热器连锁保护试验合格并投入		
	全面检查#____机高压加热器系统各阀门置于启动前位置，具备投运条件		
	检查高压加热器水侧、汽侧放水门关闭		
	检查给水管道各放水门关闭		
	开启高压加热器注水门，1、2、3号高压加热器及蒸汽冷却器水侧放空气门见水后关闭		
	检查高压加热器水侧注水结束，高压加热器水侧压力与母管压力一致		
	检查高压加热器及蒸汽冷却器汽侧水位无异常升高		
	开启蒸汽冷却器出口电动门		
	开启3号高压加热器入口电动门（三通阀）		
	关闭高压加热器注水门		
	检查水侧无外漏现象		

续表

内　容		评　价	
学习目标	评　价　项　目	个人评价	教师评价
技能目标	注意给水压力及流量变化，高压加热器水侧投入完毕		
	检查1、2、3号高压加热器及蒸汽冷却器汽侧排大气门、放水门全部关闭		
	开启一、二、三抽汽电动门前及止回阀前、后疏水启动门		
	开启各加热器紧急疏水气动电动门及正常疏水电动门		
	开启各加热器紧急疏水气动调节门、关闭正常疏水调节门		
	机组冲转后依次开启三、二、一段抽汽止回阀，稍开3、2、1号高压加热器进汽门暖高压加热器，控制出口水温变化率≤1℃/min		
	高压加热器暖体结束后，全开高压加热器进汽电动门		
	监视给水温度上升情况，注意锅炉燃料变化情况，及时调整主再热汽温稳定		
	当疏水压差大于0.2MPa时，将1、2号危急疏水逐渐倒至正常疏水；当三段抽汽压力高于除氧器压力0.3MPa时，将3号高压加热器危急疏水切换至除氧器		
	当主机负荷大于10%时，关闭1、2、3号高压加热器抽汽管道疏水门，全面检查高压加热器系统，投入高压加热器水位调节自动		
	操作完毕，汇报值长		
素质目标	沟通能力		
	团队合作能力		
	方法创新能力		
	突发事件处理能力		
改进要求			

六、课后练习

（1）简述高压加热器的组成。

（2）制订高压加热器投运的操作票。

（3）利用仿真平台训练投运高压加热器的操作。

工作子任务二　低压加热器的投运

低压加热器是指位于凝结水泵与除氧器之间的回热加热器。它与高压加热器和除氧器及其相应管道共同构成回热系统，利用汽轮机抽汽加热凝结水，用来减少机组的冷源损失。

资源库 58_低压加热器投运

一、 任务描述

按规程进行各阀门开、关操作。

投入低压加热器。

二、 任务分析

这项任务需要按顺序进行阀门的开关操作，启动低压加热器运行。为此，需要严格按照操作票规定的顺序，逐项完成。启动低压加热器操作票见表 1-14-3。

表 1-14-3 启动低压加热器操作票

<table>
<tr><td colspan="4">操作任务：#____机低压加热器随机投运</td></tr>
<tr><td>操作开始时间</td><td>年 月 日 时 分</td><td>操作结束时间</td><td>年 月 日 时 分</td></tr>
<tr><td>顺序</td><td colspan="2">危险因素预控项目</td><td>执行</td></tr>
<tr><td>1</td><td colspan="2">加热器投入前试漏，若钢管漏，则不能投入加热器，同时确认加热器高水位保护动作正常，各疏水畅通</td><td></td></tr>
<tr><td>2</td><td colspan="2">投入低压加热器以前要进行充分暖管，加热器要充分放气，防止切换主路时，发生振动，或暖管不充分加热器振动</td><td></td></tr>
<tr><td>3</td><td colspan="2">低压加热器投运前就地进行抽汽止回阀活动实验，及时发现卡涩故障</td><td></td></tr>
<tr><td>4</td><td colspan="2">投入低压加热器前检查关闭汽侧、水侧放水、放空气门；投入后，若各放水、放气门内漏，应设法关闭严密，如内漏影响机组正常运行解列加热器</td><td></td></tr>
<tr><td>顺序</td><td colspan="2">操 作 项 目</td><td>执行</td></tr>
<tr><td>1</td><td colspan="2">检查低压加热器系统检修工作结束，设备完好，热控信号完善</td><td></td></tr>
<tr><td>2</td><td colspan="2">检查低压加热器远方就地水位计投入，水位保护投入</td><td></td></tr>
<tr><td>3</td><td colspan="2">检查 5、6 号低加抽汽电动门、水侧进出口电动门、旁路电动门、各疏水电动、气动门已送电、送气</td><td></td></tr>
<tr><td>4</td><td colspan="2">关闭 5、6 号低加水侧放水门，开启 5、6 号低加水侧排空门</td><td></td></tr>
<tr><td>5</td><td colspan="2">分别稍开 5、6 号低加水侧进口电动门低加水侧注水，待空气门见水后关闭</td><td></td></tr>
<tr><td>6</td><td colspan="2">全开 5、6 号低加水侧进出口电动门，关闭水侧旁路电动门，检查 5、6 号低加汽侧水位不上升，密切注意凝结水流量、凝结水母管压力变化情况</td><td></td></tr>
<tr><td>7</td><td colspan="2">检查确 5、6 号低加汽侧放水门、排空门关闭。开启 5、6 号低加汽侧至凝汽器空气门，注意机组真空变化</td><td></td></tr>
<tr><td>8</td><td colspan="2">开启 5、6 号低加正常和危急疏水调节门前后手动门及危急疏水调门</td><td></td></tr>
<tr><td>9</td><td colspan="2">检查 5、6 号低加抽汽逆止门开启。开启 5、6 号低加抽汽管道疏水门进行暖管</td><td></td></tr>
<tr><td>10</td><td colspan="2">按顺序逐渐开启 6、5 号低加抽汽电动门，控制低加出口水温升率不超过 2℃/min</td><td></td></tr>
<tr><td>11</td><td colspan="2">检查 6、5 号低加抽汽电动门全开，关闭各低加抽汽电动门前后疏水门，全面检查低加系统</td><td></td></tr>
<tr><td>12</td><td colspan="2">低加汽侧压差满足时将危急疏水倒至正常疏水，视 6 号低压加热器的水位情况投入低压加热器疏水泵，投入低加水位调节自动</td><td></td></tr>
<tr><td>13</td><td colspan="2">操作完毕，汇报值长</td><td></td></tr>
<tr><td colspan="4">备注：</td></tr>
<tr><td colspan="2">操作人：</td><td>值班负责人：</td><td>值长：</td></tr>
</table>

三、 相关知识

1. 回热系统组成及工艺流程

资源库 59_低压加热器结构

回热系统包括 1～3 号高压加热器、蒸汽冷却器、5～8 低压加热器、一台轴封加热器、汽动引风机加热器、低温省煤器以及一台除氧器。除此之外，回热抽汽系统还用于供给各种厂用汽。1～3 号高压加热器及蒸汽冷却器水侧采用大旁路系统，5、6 号低压加热器水侧采用独立旁路，7、8 号低压加热器共用一个水侧旁路，汽动引风机加热器设置两个水侧旁路（汽机侧锅炉侧各一个）。当加热器需要切除时，给水或凝结水可经旁路运行。7 号低压加热器布置在 A 凝汽器喉部，8 号低压加热器布置在 B 凝汽器喉部。除氧器为无头内置卧式除氧器。各加热器汽、水侧设有停机期间充氮保养管道。

高压加热器疏水逐级自流进入除氧器。蒸汽冷却器正常运行时高过热度蒸汽降低过热度后直接排至 3 号高压加热器汽侧，汽侧保持无水位状态。5 号低压加热器疏水逐级自流进入 6 号低压加热器，汇集后的疏水由低压加热器疏水泵升压后打入 6 号低压加热器水侧出口；7、8 号低压加热器采用逐级自流至凝汽器。每台加热器均设有事故疏水，分别接至凝汽器疏水扩容器。5、7、8 号低压加热器均设置有疏水冷却段；汽动引风机加热器疏水排入疏水箱再由疏水泵升压后进入汽动引风机加热器水侧出口。

1～3 号高压加热器分别由一、二、三段抽汽供汽，二段抽汽还向汽动引风机小机供汽，三段抽汽先经过蒸汽冷却器后再进入 3 号高压加热器汽侧；四段抽汽的用户则有给水泵汽轮机、除氧器及辅汽联箱等；五～八段抽汽分别向四台低压加热器供汽，中压缸排汽处预留采暖供热口；为防止汽轮机超速和进水，除七、八段抽汽管道外，抽汽管道上均设有气动止回阀和电动隔离阀。

2. 加热器的运行注意事项

高、低压加热器原则上应随机启停。投停原则：先投水侧、后投汽侧，先停汽侧、后停水侧。投运时按压力由低到高，停运时按压力由高到低。

停任何一台高压加热器的水侧，三台高压加热器必须全部解列，高压加热器汽侧单独停，停 2 号高压加热器汽侧，必须同时停运 1 号高压加热器汽侧；停 3 高压加热器汽侧，三台高压加热器汽侧必须全部停运。高压加热器投停时，尽量保持负荷稳定，控制出口水温变化率不大于 1℃/min，最大不超过 110℃/h。低压加热器投停时，控制出口水温变化率不大于 2℃/min。7、8 号低压加热器水侧必须同时投停。

在高、低压加热器的投停过程中，必须严格监视汽轮机组的各部运行情况，尤其是胀差的变化。应严格控制高、低压加热器的出水温升、温降率在允许范围内，发现异常应停止操作，迅速查找原因，消除异常。除特殊情况外，低压加热器应随机滑参数投停，高压加热器汽侧投运在机组启动切完缸后进行（2、3 号高压加热器也可选择随机投运）。

当加热器启停或工况变化时，水侧温度变化率不得超限，以防止加热器损坏。加热器运行时应调整水位正常，发现水位不正常变化时，应查找原因。加热器检修后投运时，应注水查漏，查漏时应稍开进水门或注水门，检查就地水位计水位不应升高，若水位升高说明加热器已泄漏。

四、完成任务

登录660MW超超临界机组（含330MW亚临界机组、350MW超临界循环流化床机组、50MW循环流化床母管制机组）系统平台，严格按规范巡检程序完成低压加热器的启动工作。

五、任务评价

根据工作任务的完成情况，对照评价项目和技术标准规范，逐项评价，确定技能水平和改进的要求。启动低压加热器评价表见表1-14-4。

表1-14-4　　启动低压加热器评价表

内容		评价	
学习目标	评价项目	个人评价	教师评价
知识目标	描述低压加热器结构及作用		
	描述低压加热器运行注意事项		
技能目标	检查低压加热器系统检修工作结束，设备完好，热控信号完善		
	检查低压加热器远方就地水位计投入，水位保护投入		
	检查5、6号低压加热器抽汽电动门、水侧进出口电动门、旁路电动门、各疏水电动、气动门已送电、送气		
	关闭5、6号低压加热器水侧放水门，开启5、6号低压加热器水侧排空门		
	分别稍开5、6号低压加热器水侧进口电动门低压加热器水侧注水，待空气门见水后关闭		
	全开5、6号低压加热器水侧进出口电动门，关闭水侧旁路电动门，检查5、6号低压加热器汽侧水位不上升，密切注意凝结水流量、凝结水母管压力变化情况		
	检查确5、6号低压加热器汽侧放水门、排空门关闭。开启5、6号低压加热器汽侧至凝汽器空气门，注意机组真空变化		
	开启5、6号低压加热器正常和危急疏水调节门前后手动门及危急疏水调门		
	检查5、6号低压加热器抽汽逆止门开启。开启5、6号低压加热器抽汽管道疏水门进行暖管		
	按顺序逐渐开启6、5号低压加热器抽汽电动门，控制低压加热器出口水温升率不超过2℃/min		
	检查6、5号低压加热器抽汽电动门全开，关闭各低压加热器抽汽电动门前后疏水门，全面检查低压加热器系统		
	低压加热器汽侧压差满足时，将危急疏水倒至正常疏水，视6号低压加热器的水位情况投入低压加热器疏水泵、投入低压加热器水位调节自动		
	操作完毕，汇报值长		

续表

内容		评价	
学习目标	评价项目	个人评价	教师评价
素质目标	沟通能力		
	团队合作能力		
	方法创新能力		
	突发事件处理能力		
改进要求			

六、课后练习

（1）描述低压加热器结构及作用。

（2）描述低压加热器运行注意事项。

（3）利用仿真平台训练投运低压加热器的操作。

工作任务十五　发电机并网

发电机并网就是通过发电机出口断路器将发电机和电网连接起来。待汽轮机冲转定速后，进行起励建压，发电机电压升到额定电压后，投入自动准同期装置，满足并网条件后，向发电机出口断路器发合闸指令，完成并网。

一、任务描述

按规程进行断路器的分合操作。

完成发电机并网。

二、任务分析

这项任务需要按顺序进行断路器的分合操作，完成发电机的并网（以660MW机组为例，其他各类型机组参照执行）。为此，需要严格按照操作票规定的顺序，逐项完成。发电机并网操作票见表1-15-1。

资源库60_发电机并网

表1-15-1　发电机并网操作票

操作任务：发电机并网				
操作开始时间	年　月　日　时　分	操作结束时间	年　月　日　时　分	
顺序	危险因素预控项目			执行
1	对应设备名称和编号，防止误入带电间隔			
顺序	操作项目			执行
1	接值长令，将发电机并网			
2	将发变组保护A屏各保护连接片投入			
3	将发变组保护B屏各保护连接片投入			
4	将发变组保护C屏各保护连接片投入			

续表

顺序	操 作 项 目	执行
5	检查隆 221 母地隔离开关在断开位	
6	检查隆 221 南隔离开关在断开位	
7	检查隆 221 北隔离开关在断开位	
8	检查隆 221 断路器在断开位	
9	将隆 221 中地隔离开关合闸	
10	将 1 号发电机中地隔离开关合闸	
11	检查发电机各相 TV 的保险和二次插件完好，依次点击各相 TV 的保险和二次插件，投入各相 TV	
12	合上 1 号主变压器风扇控制箱柜后所有电源断路器	
13	将 1 号主变压器通风箱风机温度控制断路器切至“自动”位置	
14	合上 1 号主变压器通风箱所有风扇控制单元模块Ⅰ电源断路器、单元模块Ⅱ电源断路器	
15	将 1 号主变压器通风箱其中两台风扇控制单元模块控制转换断路器切至“手动”位置，其余切至“自动”位置	
16	检查 1 号主变压器冷却器控制箱各电源指示正常，检查 1 号主变压器各冷却器组运行正常	
17	合上高压厂用变压器（简称高厂变）冷却器所有的Ⅰ电源断路器、Ⅱ电源断路器和直流控制断路器	
18	将高厂变冷却器所有的控制转换断路器切至自动位，风机自动投入切至工作位	
19	将高厂变冷却器远方/就地转换断路器切至远方位	
20	合上隆 221 南隔离开关	
21	合上隆 221 发变组断路器柜后所有的空气开关电源，切至远方位	
22	合上灭磁断路器柜后所有的空气开关电源，切至远方位	
23	合上“励磁就地控制柜”所有电源断路器，然后选择励磁通道 CH1，Mode 切至手动 Man	
24	将“同期就地控制屏”中 WY 单双侧无压确认断路器切至同期位，DTK 工作实验选择断路器切至投入位	
25	点击励磁，在励磁控制画面中，将切换方式切换到自动方式运行	
26	投入励磁	
27	检查灭磁断路器闭合，励磁电压、励磁电流升高，发电机定子电压升至到额定电压（22kV）	
28	点击 DEH 请求	
29	进入 DCS“DEH”画面，进入“自动控制”画面，投入自动同期	
30	然后点击同期启动	
31	相位满足条件后，自动将隆 221 断路器合闸。检查各参数正常，并网完成	
32	操作完毕，汇报记录	
备注：		
操作人：	值班负责人：	值长：

三、相关知识

1. 发电机并网条件

(1) 发电机的频率与系统频率相同。

(2) 发电机出口电压与系统电压相同，其最大误差应在5%以内。

(3) 发电机相序与系统相序相同。

(4) 发电机电压相位与系统电压相位一致。

2. 发变组保护

(1) 发电机纵差保护。发电机差动保护作为发电机定子绕组及其出线的相间短路故障的主保护。差动继电器采用比率制动及矢量积原理构成。为防止TA断线差动误动，任一相电流互感器断线，保护装置应能发信。发电机差动瞬时动作于发电机全停。

(2) 发电机定子匝间保护作为发电机定子绕组同相相同分支或同相不同分支间的匝间短路故障。

(3) 发电机定子接地保护作为发电机定子绕组单相接地故障保护。

(4) 发电机断水保护。发电机断水后，保护延时30s动作于程序跳闸。

(5) 发电机热工保护是由热工提供的触电引入保护装置，经延时t_1动作于发电机全停。

(6) 发电机频率异常保护作为发电机在低于额定频率下带负荷运行的保护。保护动作于信号，并有累计时间显示；低频保护受主断路器辅助触电控制，发电机并网后低频保护才投入运行。

(7) 发电机定子过电压保护作为定子绕组的异常过电压保护。经延时动作于发电机全停。

(8) 发电机失磁保护作为发电机励磁电流异常下降或完全消失的失磁故障保护。

(9) 发电机失步保护作为发电机失步运行异常状态保护。

(10) 发电机逆功率保护作为发电机从系统吸收有功的异常运行状态保护。保护由逆功率继电器构成，保护设两段延时，t_1动作于信号，t_2动作于发电机全停，保护具有TV断线功能。

四、完成任务

登录660MW超超临界机组（含330MW亚临界机组、350MW超临界循环流化床机组、50MW循环流化床母管制机组）系统平台，严格按规范巡检程序完成发电机并网的启动工作。

五、任务评价

根据工作任务完成情况，对照评价项目和技术标准规范，逐项评价，确定技能水平和改进要求。发电机并网评价表见表1-15-2。

表1-15-2　　发电机并网评价表

内容		评价	
学习目标	评价项目	个人评价	教师评价
知识目标	阐述发电机并网条件		
	阐述发变组的保护有哪些		
	掌握发电机并网操作		

续表

内容		评价	
学习目标	评价项目	个人评价	教师评价
技能目标	将发变组保护A屏各保护连接片投入		
	将发变组保护B屏各保护连接片投入		
	将发变组保护C屏各保护连接片投入		
	检查隆221母地隔离开关在断开位		
	检查隆221南隔离开关在断开位		
	检查隆221北隔离开关在断开位		
	检查隆221断路器在断开位		
	将隆221中地隔离开关合闸		
	将1号发电机中地隔离开关合闸		
	检查发电机各相TV的保险和二次插件完好，依次点击各相TV的保险和二次插件，投入各相TV		
	合上1号主变压器风扇控制箱柜后所有电源断路器		
	将1号主变压器通风箱风机温度控制断路器切至“自动”位置		
	合上1号主变压器通风箱所有风扇控制单元模块Ⅰ电源断路器、单元模块Ⅱ电源断路器		
	将1号主变压器通风箱其中两台风扇控制单元模块控制转换断路器切至“手动”位置，其余切至“自动”位置		
	检查1号主变压器冷却器控制箱各电源指示正常，检查1号主变压器各冷却器组运行正常		
	合上高厂变冷却器所有的Ⅰ电源断路器、Ⅱ电源断路器和直流控制断路器		
	将高厂变冷却器所有的控制转换断路器切至自动位，风机自动投入切至工作位		
	将高厂变冷却器远方/就地转换断路器切至远方位		
	合上隆221南隔离开关		
	合上隆221发变组断路器柜后所有的空气开关电源，切至远方位		
	合上灭磁断路器柜后所有的空气开关电源，切至远方位		
	合上“励磁就地控制柜”所有电源断路器，然后选择励磁通道CH1，Mode切至手动Man		
	将“同期就地控制屏”中WY单双侧无压确认断路器打到同期位，DTK工作实验选择断路器切至投入位		
	点击励磁，在励磁控制画面中，将切换方式切换到自动方式运行		
	投入励磁		

续表

内　　容		评　　价	
学习目标	评　价　项　目	个人评价	教师评价
技能目标	检查灭磁断路器闭合，励磁电压、励磁电流升高，发电机定子电压升至到额定电压（22kV）		
	点击 DEH 请求		
	进入 DCS“DEH”画面，进入“自动控制”画面，投入自动同期		
	然后点击同期启动		
	相位满足条件后，自动将隆 221 断路器合闸。检查各参数正常，并网完成		
素质目标	沟通能力		
	团队合作能力		
	方法创新能力		
	突发事件处理能力		
改进要求			

六、 课后练习

（1）阐述发电机并网条件。

（2）阐述发变组保护都有哪些?

（3）用仿真平台训练发电机并网的操作。

工作任务十六　汽动给水泵投运

一、 任务描述

按规程进行各阀门开、关操作。

完成汽动给水泵的投入。

资源库 61_汽动给水泵投运

二、 任务分析

这项任务需要按顺序进行阀门的开关操作，完成汽动给水泵的启动。为此，需要严格按照操作票规定的顺序，逐项完成。启动汽动给水泵操作票见表 1-16-1。

表 1-16-1　　启动汽动给水泵操作票

操作任务：汽动给水泵启动				
操作开始时间	年　月　日　时　分	操作结束时间	年　月　日　时　分	
顺序	危险因素预控项目			执行
1	确认满足汽动给水泵启动条件			
2	注意汽动水泵并入的操作			

续表

顺序	操 作 项 目	执行
1	手动或遥控操作使危急遮断装置复位，建立一次安全油压，“汽轮机复位”灯亮，“汽轮机遮断”灯灭，表示挂闸成功	
2	手动开启低压主汽门，就地、远方检查主汽门全开	
3	设定目标转速600r/min。开始升速，就地进行全面检查	
4	冷态启动时，小汽轮机应在600r/min的转速下停留暖机20min，全面检查机组振动声音正常	
5	在MEH操作盘给定转速目标值1800r/min，操作电调操作面板上的“△”，升速率为200～250r/min，高速暖机25min，全面检查汽轮机运行情况正常，方可迅速越过一阶临界转速	
6	设定目标转速3000r/min，当小汽轮机转速升至2250r/min时投入加速装置，小汽轮机转速升至2500r/min时退出投入加速装置；小汽轮机转速达到3000r/min时检查无异常后就地打闸一次，然后恢复3000r/min转速，进行危急保安器压出试验和超速试验，完毕恢复3000r/min，超速保护正常投入	
7	当MCS来控制信号并允许投入时，“锅炉自动”灯亮，“转速自动”灯灭，此后，汽轮机转速随给水协调控制系统来的给水量要求信号而变化，且转速的变化率自动地被限制在1000r/min	
8	热态启动时，在600r/min左右暖机不超过5min，然后直接以300r/min的升速率将转速升至3000r/min	
9	MCS系统的4～20mA（DC）的给水信号，可自动给出或在MCS调节器上手动给出，当汽动给水泵转速提升至给水出口压力接近母管压力时，开启出口电动门并泵。根据锅炉要求开启给水抽头水门	
10	转速3000r/min以上后逐渐关闭各处疏水门，但后汽缸底部和轴封母管至凝汽器疏水门应稍留一点开度	
11	转速升高后及时调整润滑油温，注意各轴承回油温度小于65℃	
12	升速过程中，应控制机组振动在0.08mm以下，过临界转速时振动不应超速0.12mm	
13	当给水泵流量大于260t/h，给水泵自动再循环门应自动关闭，否则应强制关闭	
14	操作完毕，汇报值长	
备注：		
操作人：	值班负责人：	值长：

三、相关知识

资源库62_汽动给水泵的结构

1. 汽动给水泵的启动冲转条件

（1）小汽轮机真空在－84kPa以上。

（2）泵体上下温差小于30℃。

（3）润滑油压0.0789～0.147MPa，油温（40±5）℃。

（4）低压汽源汽压0.2～0.7MPa，汽温200～250℃。

（5）各保护试验正常并投入。

2. 并泵

将第一台汽动给水泵并入系统：继续提高小汽轮机转速，当汽动给水泵出口压力比给水母管压力低0.2～0.5MPa时，停止升速，打开汽动给水泵A的出口电动门，此时注意该汽动给水泵出口流量，及时调整电动给水泵转速改变其流量，使总的给水流量与蒸发量相匹配，保持汽包水位在正常范围内。将电动给水泵和汽动给水泵同时投入自动运行。

当高中压外缸下半外壁金属温度达350℃以上，高中压胀差正常，停用汽缸夹层加热系统。

当负荷达50%额定负荷时，启动另一台汽动给水泵运行。启动操作步骤如第一台汽动给水泵，当第二台汽动给水泵转速达到3100r/min“锅炉自动”灯亮后，准备进行第二台汽动给水泵的并入操作。

方法一：电动给水泵、A汽动给水泵均在手动位。

(1) 逐步提高B汽动给水泵的转速，当B汽动给水泵出口压力与主给水压力接近时打开B汽动给水泵出口电动门，此时注意B汽动给水泵出口流量，及时手动降低电动给水泵电动给水泵转速，保持给水量与蒸发量匹配，使汽包水位在正常范围内。

(2) 缓慢提高B汽动给水泵转速，使其流量逐步增大，同时逐步降低电动给水泵转速，使负荷从电动给水泵逐步转移到B汽动给水泵，最后使电动给水泵达到空载，流量走再循环。

(3) A、B汽动给水泵转速基本一致，流量平衡时将A、B汽动给水泵投自动，总的给水三冲量自动投入。

(4) 停电动给水泵，投备用。

方法二：电动给水泵自动，A汽动给水泵在手动位。

(1) 逐步提高B汽动给水泵的转速，当B汽动给水泵出口压力与主给水压力接近时打开B汽动给水泵出口电动门，此时注意B汽动给水泵出口流量，观察处于自动状态的电动给水泵转速随着B汽动给水泵出口流量的增加而自动降低。

(2) 缓慢提高B汽动给水泵转速，使其流量逐步增大，同时注意观察电动给水泵转速逐步降低，使负荷从电动给水泵逐步转移到B汽动给水泵，退出电动给水泵自动，最后使电动给水泵达到空载，流量走再循环。此过程中若电动给水泵自动能跟踪得上，汽包水位能维持正常，A汽动给水泵在手动位可以保持转速不变，负荷在电动给水泵和B汽动给水泵之间转移。

(3) A、B汽动给水泵转速基本一致，流量平衡时将A、B汽动给水泵投自动，总的给水三冲量自动投入。

(4) 停电动给水泵，投备用。

方法三：电动给水泵手动，A汽动给水泵在自动位。

(1) 逐步提高B汽动给水泵的转速，当B汽动给水泵出口压力与主给水压力接近时打开B汽动给水泵出口电动门，此时注意B汽动给水泵出口流量，及时手动降低电动给水泵电动给水泵转速，保持给水量与蒸发量匹配，使汽包水位在正常范围内。

(2) 缓慢提高B汽动给水泵转速，使其流量逐步增大，同时逐步降低电动给水泵转速，使负荷从电动给水泵逐步转移到B汽动给水泵，最后使电动给水泵达到空载，流量走再循环。此过程中A汽动给水泵处于自动跟踪状态，使总的给水量与蒸发量相匹配，保证汽包水位在正常范围内。

（3）A、B汽动给水泵转速基本一致，流量平衡时将B汽动给水泵投自动。

（4）停电动给水泵，投备用。

四、完成任务

登录660MW超超临界机组（含330MW亚临界机组、350MW超临界循环流化床机组、50MW循环流化床母管制机组）系统平台，严格按规范巡检程序完成汽动给水泵的启动工作。

五、任务评价

根据工作任务的完成情况，对照评价项目和技术标准规范，逐项评价，确定技能水平和改进的要求。启动汽动给水泵评价表见表1-16-2。

表1-16-2　启动汽动给水泵评价表

内容		评价	
学习目标	评价项目	个人评价	教师评价
知识目标	确认满足汽动给水泵启动条件		
	注意启动给水泵并入的操作		
技能目标	手动或遥控操作使危急遮断装置复位，建立一次安全油压，“汽轮机复位”灯亮，“汽轮机遮断”灯灭，表示挂闸成功		
	手动开启低压主汽门，就地、远方检查主汽门全开		
	设定目标转速600r/min。开始升速，就地进行全面检查		
	冷态启动时，小汽轮机应在600r/min的转速下停留暖机20min，全面检查机组振动声音正常		
	在MEH操作盘给定转速目标值1800r/min，操作电调操作面板上的“△”，升速率为200-250r/min，高速暖机25min，全面检查汽轮机运行情况正常，方可迅速越过一阶临界转速		
	设定目标转速3000r/min，当小汽轮机转速升至2250r/min时投入加速装置，小汽轮机转速升至2500r/min时退出投入加速装置；当小汽轮机转速达到3000r/min时检查无异常后就地打闸一次，然后恢复3000r/min转速，进行危急保安器压出试验和超速试验，完毕恢复3000r/min，超速保护正常投入		
	当MCS来控制信号并允许投入时，“锅炉自动”灯亮，“转速自动”灯灭，此后，汽轮机转速随给水协调控制系统来的给水量要求信号而变化，且转速的变化率自动地被限制在1000r/min		
	热态启动时，在600r/min左右暖机不超过5min，然后直接以300r/min的升速率将转速升至3000r/min		
	MCS系统的4～20mA（DC）的给水信号，可自动给出或在MCS调节器上手动给出，当汽动给水泵转速提升至给水出口压力接近母管压力时，开启出口电动门并泵。根据锅炉要求开启给水抽头水门		
	转速3000r/min以上后逐渐关闭各处疏水门，但后汽缸底部和轴封母管至凝汽器疏水门应稍留一点开度		

续表

内　容		评　价	
学习目标	评　价　项　目	个人评价	教师评价
技能目标	转速升高后及时调整润滑油温，注意各轴承回油温度小于 65℃		
	升速过程中，应控制机组振动在 0.08mm 以下，过临界转速时振动不应超速 0.12mm		
	当给水泵流量大于 260t/h，给水泵自动再循环门应自动关闭，否则应强制关闭		
	操作完毕，汇报值长		
素质目标	沟通能力		
	团队合作能力		
	方法创新能力		
	突发事件处理能力		
改进要求			

六、 课后练习

(1) 描述汽动给水泵冲转的条件。

(2) 制订汽动给水泵启动的操作票。

(3) 利用仿真平台训练汽动给水泵启动的操作。

工作任务十七　机组升负荷

工作子任务一　机组升负荷操作

一、 任务描述

按规程进行开关操作。

完成汽轮机升负荷操作。

资源库 63_升负荷至 600MW

资源库 64_投入协调控制方式

二、 任务分析

这项任务需要按顺序进行各开关的操作，完成汽轮机升负荷操作（以 660MW 机组为例，其他各类型机组参照执行）。为此，需要严格按照操作票规定的顺序，逐项完成。汽轮机升负荷操作票见表 1-17-1。

表 1-17-1　汽轮机升负荷操作票

<table>
<tr><td colspan="5">操作任务：汽轮机升负荷</td></tr>
<tr><td colspan="2">操作开始时间</td><td>年　月　日　时　分</td><td>操作结束时间</td><td>年　月　日　时　分</td></tr>
<tr><td>顺序</td><td colspan="3">危险因素预控项目</td><td>执行</td></tr>
<tr><td>1</td><td colspan="3">升负荷过程中，注意监视汽轮机参数，防止跳机</td><td></td></tr>
</table>

续表

顺序	操 作 项 目	执行
1	发电机并网后，DEH在阀位控制，控制阀位综合指令在18%以内	
2	机组带初负荷暖机30min后，确认机组旁路控制在自动方式，进行切缸操作（对于选择高压缸启动方式启动则无需进行切换）	
3	在DEH“自动控制”画面，点击“切缸”按钮，按“进行”	
4	随着机组负荷增加，1、2号中压调节阀开启至全开，1、2号主汽调节阀开启，VV阀自动关闭，确认高排止回阀自动开启，此时，由高压调节阀控制机组负荷	
5	在机组负荷60MW时，确认机组高压部分疏水阀正常关闭	
6	在机组负荷首次达到120MW或高、低压旁路控制阀逐渐关闭至全关，切缸结束。若切缸结束后，高压旁路阀仍没有全关，可手动关闭或通过提高设定压力使其关闭	
7	在机组负荷180MW，另一台汽动给水泵冲至800r/min暖机（若辅助蒸汽充足可用辅助蒸汽冲转暖机）	
8	在机组负荷150MW左右，根据化学要求进行洗硅	
9	在机组负荷达20%额定负荷时，确认机组中压部分疏水阀正常关闭	
10	负荷120MW，进行厂用电切换	
11	可根据情况投入机组TF方式	
12	升负荷至180MW，按照机组冷态启动曲线进行升温、升压、升负荷，控制机组升负荷率不大于3MW/min	
13	当四抽压力达到0.4MPa后，开启四抽汽至除氧器电动阀，切换除氧器加热汽源至四抽汽	
14	机组负荷达到180MW，确认冷再蒸汽压力达到吹灰要求，蒸汽过热度≥50℃，切换空气预热器吹灰汽源至冷再，检查汽轮机低压部分疏水自动关闭	
15	新机组或机组大修后的首次启动，应在180MW负荷下稳定运行3～4h后，发电机解列做超速试验	
16	升负荷至300MW，机组由湿态转干态运行（负荷180～200MW）。逐渐增加燃料量，维持给水流量500t/h左右（具体流量还要根据溢流阀开度情况综合判断），使储水箱水位逐渐降低，溢流阀全关并解除自动，锅炉转干态运行，期间给水调整要缓慢，防止出现水量减少过多，分离器出口过热度突升的现象，锅炉转直流后，维持分离器出口过热度为5～15℃，投入储水箱溢流管道暖管	
17	升负荷至300MW，将一台汽动引风机冲转至3000r/min，另一台汽动给水泵冲转至3000r/min，暖磨并投第三套制粉系统	
18	根据情况并入第二台汽动给水泵，并泵操作期间要严密注意锅炉给水量保持稳定，根据情况并入第二台汽动引风机，并风机操作期间要保持炉膛负压稳定，以保证锅炉安全运行	
19	负荷升至200～250MW，给水由旁路切换为主路运行。切换时当给水旁路调阀开度大于80%且前后差压小于0.2MPa时，可将给水切为主路运行	
20	3号高压加热器汽侧压力大于除氧器压力0.3MPa时，将高压加热器疏水倒至除氧器，将两台汽动给水泵汽源全部切至四抽汽	

续表

顺序	操 作 项 目	执行
21	负荷至300MW，根据燃烧情况，逐步退出全部油枪。退出空气预热器连续吹灰；根据渣量调整钢带输送机转速；脱硝入口烟温＞320℃，投入脱硝喷氨系统运行；视情况投入烟气余热利用装置；启动低压加热器疏水泵	
22	升至额定负荷，根据情况投入机组CCS控制方式。控制机组升负荷率不大于6MW/min，继续升负荷	
23	四段抽汽压力达0.5MPa，将辅助蒸汽联箱切为四抽汽供汽，再热冷段汽源投自动备用	
24	机组负荷400MW，将发电机氢压补至额定值0.42MPa	
25	机组负荷450MW后，视锅炉运行情况可进行锅炉全面吹灰	
26	机组负荷480MW后，根据需要可做主机真空严密性试验	
27	视机组负荷情况投入第四套制粉系统运行	
28	在机组负荷达到540MW后，主汽压力达到额定值，对机组汽水系统做全面检查	
29	在机组负荷达到满负荷后，全面检查、调整机组各系统，使机组处于正常运行状态	
30	操作完毕，汇报值长	
备注：		
操作人：	值班负责人：	值长：

三、相关知识

资源库65_汽轮机切缸

1. 汽轮机切缸过程中需注意事项

（1）切缸前，高压旁路投自动时，确认高压旁路阀指令与实际开度一致。

（2）切缸前，应确认高排止回阀前后疏水畅通。

（3）切缸期间注意保持锅炉燃烧稳定，高低压旁路自动动作正常，尽量保持汽轮机进汽参数稳定，避免参数下滑功率变化引起逆功率保护动作。

（4）注意调整主汽温度及高压缸金属温度之间的偏差，要保证高压缸进汽后高压缸缸体以及高压缸第一级处的热应力在允许范围内。

（5）在切缸期间要严密监视旁路动作情况，以保证高压缸的进汽量。注意监视高压缸排汽温度以及切缸时高排止回阀的开启情况。

（6）切换过程中密切监视给水流量及储水箱水位。

2. 切缸结束后主要工作

（1）高压旁路关闭后，确认高压旁路减温水阀关闭。

（2）从低到高顺序开启汽轮机抽汽电动阀，依次投入高压加热器汽侧运行，注意控制出水温度温升率小于3℃/min；投入2号高压加热器时，邻机加热同步退出。

（3）根据锅炉出力及时启动第二套制粉系统，启动第二台磨煤机前逐步投入对应层不少于四支油枪，防止屏式过热器超温。同时减少第一台制粉系统出力，期间加强对汽温、汽压和屏式过热器壁温的监视。

（4）根据锅炉出力及时启动第二套制粉系统，启动第二台磨煤机前逐步投入对应层不少于四支油枪，防止屏式过热器超温。同时减少第一套制粉系统的出力，期间加强对汽温、汽压和屏式过热器壁温的监视。

（5）根据主、再热汽温上升的速度，适时投入减温水，控制温升速度。尽量使用一级减温水，少用二级减温水（关注减温器后温度变化率）。每级减温水使用量不应超过当时蒸汽流量（给水流量）的 3%，每级减温水后温度应大于饱和温度 20℃。使用时应提前操作，每次操作幅度不大于 3% 开度（注意减温水压力与蒸汽压差），两次间隔大于 5min，避免大幅度开关减温水调节门和流量突变，防止汽温、金属壁温剧烈波动。

3. 机组冷态启动曲线

机组冷态启动曲线（中压缸启动）如图 1-17-1 所示。

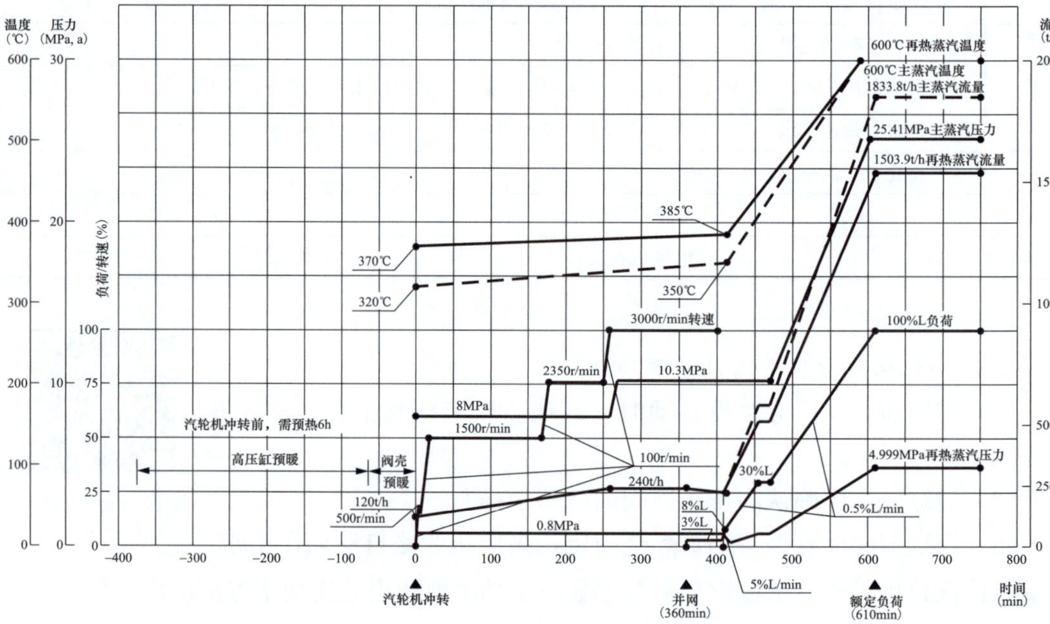

图 1-17-1　机组冷态启动曲线

4. 循环流化床机组的投煤操作

（1）当锅炉床温超过 450℃时，检查所有床温指示值正常，检查给煤机启动条件满足，投入一台给煤机运行进行“脉冲”给煤。（脉冲给煤——就是间断性的启停给煤机，进行少量给煤，以使床料和给煤量充分混合，提高原煤的温度直至达到煤的着火点——褐煤的着火点约为 400℃）

（2）在启动第一台给煤机运行时，应少量给煤 60～90s，停运同样长时间后，观察床温至少增加 5℃，氧量显示减少。

（3）各台给煤机“脉冲”给煤后，观察床温是否有所增加，氧量显示有所减少。根据床温及氧量的变化可陆续少量给煤，直至连续给煤。（5 号炉可观察就地看火孔是否有火星）。

（4）根据氧量值及床温值实际情况，达到条件后启动二次风机运行，视燃烧情况减少燃油量，控制床压在额定范围内。

5. 循环流化床机组的石灰石系统

（1）混合给料系统。此系统是将制备好的成品脱硫剂，在厂区内的料场与煤混合，由输煤皮带与煤一起送到煤仓，再由给煤机经播煤管送入炉膛。该系统的优点是系统简单，造价低廉，运行维护费用低。缺点是不能对给料量进行适时调节，脱硫剂利用率和脱硫效率都比较低。一般只在锅炉容量很小时才采用此系统。

（2）炉前混合给料系统。此系统为成品脱硫剂和煤分别由皮带输送到各自的料仓内，然后都落到给煤机内，由给煤机经播煤管送入炉膛。可以根据给煤量和排烟中的二氧化硫含量，由改变脱硫剂仓下的旋转气锁阀转速来调节脱硫剂的给料量。此系统也较简单，但脱硫剂在炉内与煤混合不均匀，影响脱硫反应的效果。若要达到较高的脱硫效率，必须增大脱硫剂的给料量，使 Ca/S 比增大，脱硫剂利用率不高。此系统亦仅在锅炉容量不大时采用。

（3）炉内混合给料系统。

1）机械输送系统。此系统是将成品脱硫剂粉，从位于厂区的脱硫剂储仓通过皮带输送到炉前的脱硫剂日用仓，再由日用仓落下进入脱硫剂给料机，由给料机经播煤管送入炉膛，参与脱硫反应。可以由给料机实现给料量的连续计量和调节。若炉墙上的进料点设置合理，炉内的脱硫剂分布就比较均匀，脱硫剂利用率就较高。缺点是系统比较复杂，造价偏高。

2）气力输送系统。破碎＋气力输送系统：此系统为一级破碎机将块料脱硫剂进行初步破碎，然后由刮板给料机（或皮带）将其输送到主厂房内的脱硫剂料仓。自料仓下来的脱硫剂由刮板给料机（或皮带）送入二级破碎机，将脱硫剂破碎至符合要求的粒度的成品脱硫剂粉。然后，成品脱硫剂粉由压缩空气送至脱硫剂粉仓。从粉仓下来的粉料经气锁阀、给料机和风粉混合器后，由送粉风机提供压力风通过回料密封管道送至炉膛。此方案系统复杂，初投资大，占地面积大，运行管理工作量多。但由于购买的脱硫剂为块料，所需费用较少。

四、 完成任务

登录 660MW 超超临界机组（含 330MW 亚临界机组、350MW 超临界循环流化床机组、50MW 循环流化床母管制机组）系统平台，严格按规范程序完成机组升负荷的启动工作。

五、 任务评价

据工作任务的完成情况，对照评价项目和技术标准规范，逐项评价，确定技能水平和改进的要求。汽轮机升负荷评价表见表 1－17－2。

表 1－17－2　　汽轮机升负荷评价表

内　容		评　价	
学习目标	评　价　项　目	个人评价	教师评价
技能目标	升负荷过程中，注意监视汽轮机参数，防止跳机		

续表

内　　容		评　　价	
学习目标	评　价　项　目	个人评价	教师评价
技能目标	发电机并网后，DEH 在阀位控制，控制阀位综合指令在 18%以内		
	机组带初负荷暖机 30min 后，确认机组旁路控制在自动方式，进行切缸操作（对于选择高压缸启动方式启动则无需进行切换）		
	在 DEH “自动控制”画面，点击“切缸”按钮，按“进行”		
	随着机组负荷增加，1、2 号中压调节阀开启至全开，1、2 号主汽调节阀开启，VV 阀自动关闭，确认高排止回阀自动开启，此时，由高压调节阀控制机组负荷		
	在机组负荷 60MW 时，确认机组高压部分疏水阀正常关闭		
	在机组负荷首次达到 120MW 或高、低压旁路控制阀逐渐关闭至全关，切缸结束。若切缸结束后，高压旁路阀仍没有全关，可手动关闭或通过提高设定压力使其关闭		
	在机组负荷 180MW，另一台汽动给水泵冲至 800r/min 暖机（若辅助蒸汽充足可用辅助蒸汽冲转暖机）		
	在机组负荷 150MW 左右，根据化学要求进行洗硅		
	在机组负荷达 20%额定负荷时，确认机组中压部分疏水阀正常关闭		
	负荷 120MW，进行厂用电切换		
	可根据情况投入机组 TF 方式		
	升负荷至 180MW，按照机组冷态启动曲线进行升温、升压、升负荷，控制机组升负荷率不大于 3MW/min。		
	当四抽压力达到 0.4MPa 后，开启四抽汽至除氧器电动阀，切换除氧器加热汽源至四抽汽		
	机组负荷达到 180MW，确认冷再蒸汽压力达到吹灰要求，蒸汽过热度≥50℃，切换空气预热器吹灰汽源至冷再，检查汽轮机低压部分疏水自动关闭		
	新机组或机组大修后的首次启动，应在 180MW 负荷下稳定运行 3～4h 后，发电机解列做超速试验		
	升负荷至 300MW，机组由湿态转干态运行（负荷 180～200MW）。逐渐增加燃料量，维持给水流量 500t/h 左右（具体流量还要根据溢流阀开度情况综合判断），使储水箱水位逐渐降低，溢流阀全关并解除自动，锅炉转干态运行，期间给水调整要缓慢，防止出现水量减少过多，分离器出口过热度突升的现象，锅炉转直流后，维持分离器出口过热度为 5～15℃，投入储水箱溢流管道暖管		

续表

内　　容		评　　价	
学习目标	评　价　项　目	个人评价	教师评价
技能目标	升负荷至 300MW，将一台汽动引风机冲转至 3000r/min，另一台汽动给水泵冲转至 3000r/min，暖投第三套制粉系统		
	根据情况并入第二台汽动给水泵，并泵操作期间要严密注意锅炉给水量保持稳定，根据情况并入第二台汽动引风机，并风机操作期间要保持炉膛负压稳定，以保证锅炉安全运行		
	负荷升至 200～250MW，给水由旁路切换为主路运行。切换时当给水旁路调阀开度大于 80%且前后差压小于 0.2MPa 时，可将给水切为主路运行		
	3 号高压加热器汽侧压力大于除氧器压力 0.3MPa 时，将高压加热器疏水倒至除氧器，将两台汽动给水泵汽源全部切至四抽		
	负荷至 300MW，根据燃烧情况，逐步退出全部油枪。退出空气预热器连续吹灰；根据渣量调整钢带输送机转速；脱硝入口烟温＞320℃，投入脱硝喷氨系统运行；视情况投入烟气余热利用装置；启动低压加热器疏水泵		
	升至额定负荷，根据情况投入机组 CCS 控制方式。控制机组升负荷率不大于 6MW/min，继续升负荷		
	四段抽汽压力达 0.5MPa，将辅助蒸汽联箱切为四抽供汽，再热冷段汽源投自动备用		
	机组负荷 400MW，将发电机氢压补至额定值 0.42MPa		
	机组负荷 450MW 后，视锅炉运行情况可进行锅炉全面吹灰		
	机组负荷 480MW 后，根据需要可做主机真空严密性试验		
	视机组负荷情况投入第四套制粉系统运行		
	在机组负荷达到 540MW 后，主汽压力达到额定值，对机组汽水系统做全面检查		
	在机组负荷达到满负荷后，全面检查、调整机组各系统，使机组处于正常运行状态		
	操作完毕，汇报值长		
素质目标	沟通能力		
	团队合作能力		
	方法创新能力		
	突发事件处理能力		
改进要求			

六、 课后练习

（1）简述升负荷的操作票。

（2）简述切缸的注意事项。

工作子任务二　厂 用 电 切 换

供电的连续可靠是各种用电设备安全运行的基本条件，因此，两路电源间的成功切换是连续不间断供电的关键。随着发电机负荷的升高，厂用电量越来越高，为防止高备变（启备变）过负荷，当机组负荷升至15%～20%MCR时，需要进行厂用电切换，即通过“高压厂用电快切装置”将高压厂用电负荷由高备变（启备变）切换至高厂变（高工变）接带。

资源库66_厂用电切换

一、任务描述

发电机带一定负荷后，需要进行厂用电切换。包括6kV 1A段和6kV 1B段，两条母线分别从由高备变带的备用电源切换到由高厂变带的工作电源。

二、任务分析

这项任务需要按顺序进行各断路器的操作，完成厂用电的切换（以660MW机组为例，其他各类型机组参照执行）。为此，需要严格按照操作票规定的顺序，逐项完成。厂用电切换操作票见表1-17-3。

表1-17-3　厂用电切换操作票

操作任务：厂用电切换			
操作开始时间	年 月 日 时 分	操作结束时间	年 月 日 时 分
顺序	危险因素预控项目		执行
1	对应设备名称和编号，防止误入带电间隔		
顺序	操作项目		执行
1	接值长令，将厂用电切换		
2	合上6kV A段厂用快速切换装置所有保护连接片		
3	把6kV1A分支断路器打到热备用状态，合上所有连接片		
4	把6kV1A段工作进线TV和备用进线TV打到运行状态		
5	点击“A快切”，可能有闭锁信号，为了成功切换厂用电，先点一下快切复归		
6	将方式选择为并联方式		
7	检查A快切允许条件满足		
8	点击手动切换，点击确认		
9	检查6kV 1A段工作进线断路器合闸，备用进线断路器跳闸		
10	检查6kV 1A段母线电压正常		
11	复位6kV 1A段备用进线断路器跳闸信号		
12	合上6kV B段厂用快速切换装置所有保护连接片		
13	把6kV 1B分支断路器打到热备用状态，合上所有连接片		
14	把6kV 1B段工作进线TV和备用进线TV打到运行状态		

续表

顺序	操 作 项 目	执行
15	点击“B快切”，可能有闭锁信号，为了成功切换厂用电，先点一下快切复归	
16	将方式选择为并联方式	
17	检查B快切允许条件满足	
18	点击手动切换，点击确认	
19	检查6kV 1B段工作进线断路器合闸，备用进线断路器跳闸	
20	检查6kV 1B段母线电压正常	
21	复位6kV 1B段备用进线断路器跳闸信号	
22	操作完毕，汇报记录	
备注：		
操作人：	值班负责人：	值长：

三、相关知识

机组共2台快切装置，用于机组6kVA、B段厂用电源的切换。

1. 厂用电快切装置功能

（1）快切装置应具有检查同期的快速切换、同期捕捉切换和检查残压的残压切换功能，其中同期捕捉切换应提供恒定越前时间和恒定越前相位两种捕捉方式。

（2）优先检同期，进行快速切换，不满足快切条件时，自动转入同期捕捉切换和残压切换。

（3）快切装置应具有正常情况下的手动切换、事故和不正常情况下的自动切换功能，手动切换可以由DCS进行操作，也可以在装置面板上进行操作，自动切换由保护启动或装置检测到不正常情况后自行启动，不正常情况包括工作电源断路器误跳和厂用母线失压。

（4）手动切换方式可选并联和同时，自动切换方式可选串联和同时。

（5）误拉母线TV和TV断线时快切装置应闭锁切换。

（6）有保护闭锁快切装置的接口，母线故障，由分支过流保护来闭锁自投。

（7）快切装置的投入和退出可就地和远方操作，装置故障和装置动作有相应的信号。

（8）快切装置应保证只动作一次，在下次动作前，必须经人工复归。

（9）为避免备用电源误投入故障造成事故扩大，快切装置应有启动分支保护后加速保护的功能，并提供相应的接口。

（10）1备用电源失电时，应闭锁自投；但当备用TV检修时，可由检修人员在装置上解除闭锁，当厂用电源发生故障时，装置仍能进行切换。

2. 厂用电快切装置切换模式

厂用电源切换的方式可按断路器动作顺序分，也可按启动原因分，还可按切换速度进行分类。

（1）按断路器动作顺序分类（动作顺序以工作电源切向备用电源为例）。

1）并联切换。先合上备用电源，两电源短时并联，再跳开工作电源。这种方式多用于正常切换，如起、停机。并联方式另分为并联自动和并联半自动两种。

2）串联切换。先跳开工作电源，在确认工作断路器跳开后，再合上备用电源。母线断电时间至少为备用断路器合闸时间。此种方式多用于事故切换。

3）同时切换。这种方式介于并联切换和串联切换之间。合备用命令在跳工作命令发出之后、工作断路器跳开之前发出。母线断电时间大于 0ms 而小于备用断路器合闸时间，可设置延时来调整。这种方式既可用于正常切换，也可用于事故切换。

（2）按启动原因分类。

1）正常手动切换。由运行人员手动操作启动，手动切换可以由 DCS 进行操作，也可以在装置面板上进行操作，快切装置按事先设定的手动切换方式（并联、同时）进行分合闸操作。

2）事故自动切换。由保护触电启动，发变组、厂变和其他保护出口跳工作电源断路器的同时，启动快切装置进行切换，快切装置按事先设定的自动切换方式（串联、同时）进行分合闸操作。

3）不正常情况自动切换。有两种不正常情况，一是母线失压，母线电压低于整定电压达整定延时后，装置自行启动，并按自动方式进行切换。二是工作电源断路器误跳，由工作断路器辅助触电启动装置，在切换条件满足时合上备用电源。

（3）按切换速度分类。

1）优先检同期，进行快速切换，不满足快切条件时，自动转入同期捕捉切换和残压切换。

2）短延时切换。

3）同期捕捉切换（其中同期捕捉切换应提供恒定越前时间和恒定越前相位两种捕捉方式）。

4）残压切换。

四、 完成任务

登录 660MW 超超临界机组（含 330MW 亚临界机组、350MW 超临界循环流化床机组、50MW 循环流化床母管制机组）系统平台，严格按规范巡检程序完成厂用电切换的启动工作。

五、 任务评价

根据工作任务完成情况，对照评价项目和技术标准规范，逐项评价，确定技能水平和改进要求。厂用电切换评价表见表 1－17－4。

表 1－17－4　　厂用电切换评价表

内容		评价	
学习目标	评价项目	个人评价	教师评价
知识目标	阐述厂用电快切装置切换方式		
	掌握厂用电切换的操作		

续表

内　容		评　价	
学习目标	评 价 项 目	个人评价	教师评价
技能目标	合上 6kV A 段厂用快速切换装置所有保护连接片		
	把 6kV 1A 分支断路器打到热备用状态，合上所有连接片		
	把 6kV 1A 段工作进线 TV 和备用进线 TV 打到运行状态		
	点击“A 快切”，可能有闭锁信号，为了成功切换厂用电，先点一下快切复归		
	将方式选择为并联方式		
	检查 A 快切允许条件满足		
	点击手动切换，点击确认		
	检查 6kV 1A 段工作进线断路器合闸，备用进线断路器跳闸		
	检查 6kV 1A 段母线电压正常		
	复位 6kV 1A 段备用进线断路器跳闸信号		
	合上 6kV B 段厂用快速切换装置所有保护连接片		
	把 6kV 1B 分支断路器打到热备用状态，合上所有连接片		
	把 6kV 1B 段工作进线 TV 和备用进线 TV 打到运行状态		
	点击“B 快切”，可能有闭锁信号，为了成功切换厂用电，先点一下快切复归		
	将方式选择为并联方式		
	检查 B 快切允许条件满足		
	点击手动切换，点击确认		
	检查 6kV 1B 段工作进线断路器合闸，备用进线断路器跳闸		
	检查 6kV 1B 段母线电压正常		
	复位 6kV 1B 段备用进线断路器跳闸信号		
素质目标	沟通能力		
	团队合作能力		
	方法创新能力		
	突发事件处理能力		
改进要求			

六、 课后练习

（1）阐述厂用电快切装置切换方式。

（2）利用仿真平台训练厂用电切换的操作。

工作子任务三　脱硝系统投运

资源库 67_脱硝系统投运

一、任务描述

检查脱硝系统阀门、仪表、设备送电正常。

按规程进行各阀门开、关操作。

检查烟气参数负荷标准。

二、任务分析

这项任务需要按顺序进行阀门的开关操作，完成脱硝系统的启动（以 660MW 机组为例，其他各类型机组参照执行）。为此，需要严格按照操作票规定的顺序，逐项完成。脱硝系统启动操作票见表 1-17-5。

表 1-17-5　　脱硝系统启动操作票

操作任务：#____炉脱硝系统投运		
操作开始时间　年　月　日　时　分	操作结束时间　年　月　日　时　分	
顺序	危险因素预控项目	执行
1	氨区向 SCR 区供氨之前，应对供氨管道进行气体置换	
2	进入可能发生氨气泄漏场所，应佩戴护目镜	
3	进入现场应携带氨气检漏仪，并注意监测是否有氨气泄漏	
4	如果发现氨气泄漏，应紧急停止脱硝系统运行	
5	经常检查 A、B 侧脱硝系统氨/空气稀释比及稀释空气流量正常	
顺序	操　作　项　目	执行
1	接值长令，#____炉脱硝系统投运	
2	确认氨区、SCR 脱硝系统检修工作票结束，安全措施已拆除	
3	检查 SCR 系统各设备连接良好，阀门位置正确，系统无泄漏	
4	检查氨区系统气动快关门、调节门气源已投入，电源已送正常，开关试验正常	
5	检查 SCR 系统烟气压力、差压、温度测量装置完好并投入，DCS 热工信号显示正确；系统无报警	
6	联系辅控值班员投入氨气蒸发系统，准备向脱硝 SCR 系统供氨	
7	检查脱硝系统蒸汽吹灰系统正常	
8	检查脱硝系统吹灰系统压力正常，并投入程序连续吹灰	
9	检查____稀释风机具备启动条件，启动____稀释风机	
10	检查____稀释风机运行正常，另一台稀释风机连锁投入，确认稀释风量＞3.47m^3/s	
11	检查脱硝系统入口烟气温度为 315～415℃	
12	检查 A、B 侧供氨旁路手动门关闭，放空气一、二次手动门关闭	
13	开启氨气管道手动总门，A、B 侧供氨快关阀前后手动门；就地检查系统无刺鼻气味，氨气检漏仪无报警信号	
14	检查脱硝系统氨气管道压力为 0.12～0.25MPa	

续表

顺序	操　作　项　目	执行
15	在 DCS 上开启 A、B 侧氨气快关门，缓慢开启氨气调节阀调节脱硝效率达 80%，控制反应器出口 NO_x 浓度≤100mg/m^3（标准状态下）	
16	检查氨气管道压力、脱硝效率、稀释风量、氨气流量、脱硝出口氨逃逸率等参数正常	
17	投入 A、B 侧氨气调节阀自动控制	
18	操作完毕，汇报值长	
备注：		
操作人：　　　　　　　　值班负责人：　　　　　　　　值长：		

三、相关知识

1. 脱硝原理

在金属催化剂的作用下，喷入的氨把烟气中 NO_x 还原成 N_2 和 H_2O。

本系统采用选择性催化还原（SCR）技术脱除烟气中的 NO_x，脱硝系统主要包括 SCR 反应器区、液氨储存和供应区及其控制系统。NH_3 与 NO_x 在反应器内，在催化剂的作用下反应生成 N_2 和 H_2O，不产生二次污染，无副产品，基本的化学反应方程式如下：

资源库 68_SCR 脱硝原理

$$4NO+4NH_3+O_2 \longrightarrow 4N_2+6H_2O$$

$$NO+NO_2+2NH_3 \longrightarrow 4N_2+6H_2O$$

副反应有

$$SO_2+O_2 \longrightarrow SO_3$$

上述反应在没有催化剂的情况下，只在 980℃左右的温度范围内进行，在催化剂的作用下，反应温度可大大降低，可达 300～400℃。

资源库 69_脱硝系统流程

2. 工艺流程说明

在液氨存储和供应区，液氨通过卸料软管由槽车内进入液氨储罐。卸车时，卸料压缩机抽取液氨储罐内的氨气经加压后进入槽车，槽车内的液氨被压入液氨贮罐。储罐内的液氨通过出料管由储罐内的压力送至液氨蒸发槽，利用电站 70～90℃余热热水使液氨气化，气化后的氨气进入氨气缓冲槽，缓冲槽可以提供稳定压力的氨气。氨蒸汽被送往 SCR 反应器区以供使用。为保证安全，在液氨存储和供应区配有氮气吹扫系统。

自氨供应区来的氨气与稀释风机来的空气在氨/空气混合器内充分混合。氨和空气混合气体进入位于烟道内的氨喷射格栅，喷入烟道后，通过静态混合器再与烟气充分混合，然后进入 SCR 反应器，SCR 反应器安装在上级空气预热器与下级省煤器之间。氨与烟气中的 NO_x 在反应器内，在催化剂的作用下反应生成 N_2 和 H_2O 随烟气进入下级省煤器及下级空气预热器，并最后通过烟囱达标排放。在 SCR 进口设置 NO_x 在线分析仪及压力、温度测量仪表，自动调节 NH_3 注入量。

四、完成任务

登录 660MW 超超临界机组（含 330MW 亚临界机组、350MW 超临界循环流化床机组、50MW 循环流化床抽汽背压母管制机组）系统平台，严格按规范巡检程序完成脱硝系统的启动工作。

五、任务评价

根据工作任务的完成情况，对照评价项目和技术标准规范，逐项评价，确定技能水平和改进的要求。脱硝系统启动评价表见表 1-17-6。

表 1-17-6　　脱硝系统启动评价表

内容		评价	
学习目标	评价项目	个人评价	教师评价
知识目标	描述脱硝系统工艺流程		
	了解脱硝系统工作原理		
技能目标	接值长令，#____炉脱硝系统投运		
	确认氨区、SCR 脱硝系统检修工作票结束，安全措施已拆除		
	检查 SCR 系统各设备连接良好，阀门位置正确，系统无泄漏		
	检查氨区系统气动快关门、调节门气源已投入，电源已送正常，开关试验正常		
	检查 SCR 系统烟气压力、差压、温度测量装置完好并投入，DCS 热工信号显示正确；系统无报警		
	联系辅控值班员投入氨气蒸发系统，准备向脱硝 SCR 系统供氨		
	检查脱硝系统蒸汽吹灰系统正常		
	检查脱硝系统吹灰系统压力正常，并投入程序连续吹灰		
	检查稀释风机具备启动条件，启动____稀释风机		
	检查____稀释风机运行正常，另一台稀释风机连锁投入，确认稀释风量>$3.47m^3/s$		
	检查脱硝系统入口烟气温度为 315～415℃		
	检查 A、B 侧供氨旁路手动门关闭，放空气一、二次手动门关闭		
	开启氨气管道手动总门，A、B 侧供氨快关阀前后手动门；就地检查系统无刺鼻气味，氨气检漏仪无报警信号		
	检查脱硝系统氨气管道压力为 0.12～0.25MPa		
	在 DCS 上开启 A、B 侧氨气快关门，缓慢开启氨气调节阀调节脱硝效率达 80%，控制反应器出口 NO_x 浓度≤$100mg/m^3$（标准状态下）		
	检查氨气管道压力、脱硝效率、稀释风量、氨气流量、脱硝出口氨逃逸率等参数正常		
	投入 A、B 侧氨气调节阀自动控制		
	操作完毕，汇报值长		

续表

内容		评价	
学习目标	评价项目	个人评价	教师评价
素质目标	沟通能力		
	团队合作能力		
	方法创新能力		
	突发事件处理能力		
改进要求			

六、课后练习

（1）描述脱硝系统工艺流程。

（2）了解脱硝系统工作原理。

工作子任务四　除尘系统投运

布袋除尘器是由进、出口烟箱，本体，清灰系统，灰斗，输灰系统，压缩空气系统，控制系统和保护装置组成。

一、任务描述

检查袋式除尘器系统阀门、仪表、设备送电正常。

按规程进行各阀门开、关操作。

二、任务分析

这项任务需要按顺序进行阀门的开关操作，完成袋式除尘器系统的启动（以660MW机组为例，其他各类型机组参照执行）。为此，需要严格按照操作票规定的顺序，逐项完成。袋式除尘器系统投入操作票见表1-17-7。

表1-17-7　袋式除尘器系统投入操作票

操作任务：投入袋式除尘器系统			
操作开始时间	年　月　日　时　分	操作结束时间	年　月　日　时　分
顺序	危险因素预控项目		执行
1	启动前检查压缩空气压力正常		
顺序	操作项目		执行
1	锅炉点火12～24h前，投入灰斗加热装置系统		
2	在点炉或系统开机的同时投入各排灰、振打装置，开启相应的出灰系统		
3	锅炉停止投油助燃升温，进入正常燃煤运行后开启清灰系统		
4	稳定运行后根据工况调整设定喷吹压力，通过设定后可以转换为自动运行		
5	根据烟气工况情况，调整喷吹周期		
6	锅炉投油助燃升温，进入正常燃煤运行后开启清灰系统		

续表

顺序	操 作 项 目	执行
7	操作完成，汇报值长	
备注：		
操作人：	值班负责人：	值长：

资源库 70_布袋除尘器

三、 相关知识

1. 布袋除尘器主要工作原理

除尘器本体框架为钢结构，长方体形状沿气流方向布置。袋式除尘器本体分为数个仓室，每个仓室都有独立的进、出风管道和阀门，以便随时关闭和开启任一仓室，使之在不停机的运行状态下能够检修或更换布袋。

含尘烟气经除尘器进口喇叭管，在气流分布装置的作用下进入各分室灰斗，气流经气流分布板合理组织，使得进入滤袋部分的断面风速控制在一个合适的范围，不致因局部气流速度过高冲刷滤袋。进入灰斗的含尘烟气在灰斗导流装置的引导下，大颗粒的粉尘被分离，直接落入灰斗。较细粉尘均匀地随气流分仓室进入中部箱体，在各个仓室中经滤袋过滤而吸附在滤袋的外表面上。过滤后的净气穿过滤袋进入上箱体汇集，利用上箱体作为出风通道，汇入除尘器出口喇叭管，在引风机作用下经烟囱排入大气。

随着过滤工况的进行，滤袋表面的粉尘越积越多，当设备阻力达到限定的阻力值时，由清灰控制装置按照差压设定值或清灰时间设定值自动关闭一线阀后，按设定程序打开电控脉冲阀对滤袋内部进行喷吹，利用压缩空气瞬间喷吹使滤袋内压力骤增，滤袋瞬间扩张变形，将附着在表面的粉饼抖落至灰斗中，由输灰系统输送至灰库。

2. 运行前的准备工作

一台布袋除尘器经过安装、调试后进入负荷运行，之前应具备以下投运条件：

（1）对除尘器内部进行全面检查，在布袋除尘器滤袋之间不得有任何杂物粘挂，尤其净气室内部一定要打扫干净，不得留有施工垃圾。

（2）检查各控制柜内部接线情况，避免错接、漏接以及线头松动现象。

（3）接地装置及其他安全设施必须安全可靠；检查阴阳极振打器各转点、电机、减速机是否转动灵活和润滑情况，检查灰斗卸料机构的运转正常，这些机构必须运转正常。

（4）卸灰机构和输灰机构（输灰系统）必须正常运行。

（5）要求场地清理干净，道路畅通，各操作巡查平台、走道扶手完整、照明充足，各转动机构外面有护罩或挡板，电气安全连锁要完好，控制室应有有效的降温、防尘及防火措施。

（6）滤袋安装前必须具备预涂灰条件和系统风机、烟道能启动、畅通。

（7）滤袋安装后，应对滤袋和壳体，滤袋和分隔板之间的底部进行检查，不得搭碰。

（8）检查完除尘器本体后关闭并锁紧所有的人孔门。

(9) 压缩空气系统工作必须正常，清灰系统各开关位置正确，压力表、压差计显示正常。

(10) 检查清灰系统的气路密封性，必须无泄漏，检查脉冲阀动作情况，必须动作均匀灵活。

(11) 在点炉或系统开机前 4h，投入保温箱加热，避免绝缘件因结露而爬电。

(12) 在点炉或系统开机前 4h，投入灰斗加热，以防止出现灰斗结露或灰受潮引起搭桥或堵灰现象。

(13) 新滤袋在第一次投运前，或锅炉停炉冷却后开机前，必须对滤袋进行预涂灰保护。预涂灰必须在确定主机点炉的当天完成。当滤袋预涂灰后主机又出现一时无法点火时，必须开启清灰系统，把滤袋灰层清除，在下次主机开机前再预涂灰，这样可以防止滤袋表面灰层潮解糊袋。

四、完成任务

登录 660MW 超超临界机组（含 330MW 亚临界机组、350MW 超临界循环流化床机组、50MW 循环流化床母管制机组）系统平台，严格按规范巡检程序完成布袋除尘系统的启动工作。

五、任务评价

根据工作任务的完成情况，对照评价项目和技术标准规范，逐项评价，确定技能水平和改进的要求。袋式除尘器系统投入评价表见表 1-17-8。

表 1-17-8　　袋式除尘器系统投入评价表

内容		评价	
学习目标	评价项目	个人评价	教师评价
知识目标	启动前检查压缩空气压力正常		
技能目标	锅炉点火 12～24h 前，投入灰斗加热装置系统		
	在点炉或系统开机的同时投入各排灰、振打装置，开启相应的出灰系统		
	锅炉停止投油助燃升温，进入正常燃煤运行后开启清灰系统		
	稳定运行后根据工况调整设定喷吹压力，通过设定后可以转换为自动运行		
	根据烟气工况情况，调整喷吹周期		
	锅炉投油助燃升温，进入正常燃煤运行后开启清灰系统		
	操作完成，汇报值长		
素质目标	沟通能力		
	团队合作能力		
	方法创新能力		
	突发事件处理能力		
改进要求			

六、课后练习

（1）描述布袋除尘器的主要工作原理。

（2）制订布袋除尘器投入的操作票。

（3）在仿真机平台训练除尘器投运的操作。

工作子任务五　脱硫系统投运

脱硫，泛指燃烧前脱去燃料中的硫分以及烟道气排放前的去硫过程，是防治大气污染的重要技术措施之一。

一、任务描述

按规程进行各阀门开、关操作。

完成脱硫系统的投入。

资源库 71_脱硫系统投运

二、任务分析

这项任务需要按顺序进行阀门的开关操作，完成脱硫系统的启动（以 660MW 机组为例，其他各类型机组参照执行）。为此，需要严格按照操作票规定的顺序，逐项完成。脱硫系统启动操作票见表 1－17－9。

表 1－17－9　　脱硫系统启动操作票

<table>
<tr><td colspan="4">操作任务：投入脱硫系统</td></tr>
<tr><td>操作开始时间</td><td>年　月　日　时　分</td><td>操作结束时间</td><td>年　月　日　时　分</td></tr>
<tr><td>顺序</td><td colspan="2">危险因素预控项目</td><td>执行</td></tr>
<tr><td>1</td><td colspan="2">防止泵与风机启动后轴承温度异常升高</td><td></td></tr>
<tr><td>2</td><td colspan="2">防止设备及管道漏浆污染环境</td><td></td></tr>
<tr><td>顺序</td><td colspan="2">操　作　项　目</td><td>执行</td></tr>
<tr><td>1</td><td colspan="2">接值长令：启动____脱硫系统</td><td></td></tr>
<tr><td>2</td><td colspan="2">全面检查____脱硫系统设备完好，检修工作结束，工作票终结，安全措施已拆除，设备及周围环境清洁无杂物，人孔门关闭，具备投入条件</td><td></td></tr>
<tr><td>3</td><td colspan="2">检查开启____吸收塔原烟道、净烟道疏水门</td><td></td></tr>
<tr><td>4</td><td colspan="2">检查各热工信号、测量仪表安装完整齐全，具备使用条件，确认压缩空气系统运行正常</td><td></td></tr>
<tr><td>5</td><td colspan="2">全面检查确认各泵及风机地脚螺丝、靠背轮及防护罩连接牢固，轴封水投入正常</td><td></td></tr>
<tr><td>6</td><td colspan="2">全面检查各泵及风机电机接线盒完整、电机外壳接地良好，电机外观完好，地脚螺丝紧固，符合启动条件</td><td></td></tr>
<tr><td>7</td><td colspan="2">检查确认各泵及风机电机绝缘合格并送电</td><td></td></tr>
<tr><td>8</td><td colspan="2">检查各电动门、调节门传动正常</td><td></td></tr>
<tr><td>9</td><td colspan="2">联系热控投入____ CEMS 系统装置电源</td><td></td></tr>
<tr><td>10</td><td colspan="2">退出循环浆液泵电机、氧化风机电机绕组电加热运行</td><td></td></tr>
<tr><td>11</td><td colspan="2">检查塔除雾器冲洗水泵运行正常，工艺水压力流量、压力正常</td><td></td></tr>
</table>

续表

顺序	操 作 项 目	执行
12	检查石灰石浆液箱液位正常，石灰石浆液泵具备供浆条件	
13	检查关闭____吸收塔排放门	
14	启动事故浆液泵向吸收塔注浆	
15	启动____石灰石浆液箱，保持循环运行方式	
16	当吸收塔液位大于 3m 后启动吸收塔搅拌器运行	
17	启动____石膏排出泵	
18	检查投入____吸收塔 pH 计、密度计；投入 pH 计自动	
19	检查吸收塔液位至 7m，停止注浆	
20	联系集控运行人员，在____炉第一台引风机启动前 1h 启动____浆液循环泵运行	
21	检查浆液循环泵运行正常后，启动____氧化风机	
22	检查____氧化风机运行正常，风量风压正常	
23	汇报值长，____脱硫系统具备投运烟气系统的条件	
24	当____脱硫系统投入烟气运行，原烟气到达 60℃后投入第二台循环泵运行	
25	投入____吸收塔供浆调节门自动，根据机组负荷及脱硫效率合理控制吸收塔 pH 值（4.5～5.5）、循环泵运行数量	
26	根据____吸收塔浆液密度情况（保证浆液密度在 1130mg/m³），启动____石膏脱水系统运行	
27	投入____吸收塔除雾器冲洗水程控系统运行	
28	全面检查____脱硫系统启动正常	
29	操作完毕，汇报值长	
备注：		
操作人：　　　　　　　　　　值班负责人：　　　　　　　　　　值长：		

三、相关知识

在烟气脱硫过程中，物理反应和化学反应的过程相对复杂，吸收塔由吸收区、氧化区和结晶区三部分组成，在吸收塔浆池（氧化区和结晶区组成）和吸收区，不同的层存在不同的边界条件，现将最重要的物理和化学过程原理描述如下：

资源库 72_湿法脱硫工作原理

（1）SO_2溶于液体。在吸收区，烟气和液体强烈接触，传质在接触面发生，烟气中的 SO_2溶解并转化成亚硫酸，反应式为。

$$SO_2 + H_2O \rightleftharpoons H_2SO_3$$

除了 SO_2外烟气中的其他酸性成分，如 HCL 和 HF 也被喷入烟气中的浆液脱除。装置脱硫效率受如下因素影响，烟气与液体接触程度，液气比、雾滴大小、SO_2含量、pH 值、在吸收区的相对速度和接触时间。

（2）酸的离解。当 SO_2 溶解时，产生亚硫酸，同时根据 pH 值离解，即

$$H_2SO_3 \rightleftharpoons H^+ + HSO_3^- \quad \text{对低 pH 值}$$

$$HSO_3^- \rightleftharpoons H^+ + SO_3^- \quad \text{对高 pH 值}$$

从烟气中洗涤下来的 HCL 和 HF，也同时离解，即

$$HCl \rightleftharpoons H^+ + Cl^-$$

$$HF \rightleftharpoons H^+ + F^-$$

根据上面反应，在离解过程中，H^+ 离子成为游离态，导致 pH 值降低。浆液中 H^+ 离子的增加，导致 SO_2 在浆液中的溶解量减少。因此，为使浆液能够再吸收 SO_2，必须清除 H^+ 离子。H^+ 离子的清除采用中和的方式。

（3）中间产物的中和反应。使用能够溶于浆液的石灰石，同上述提到的离子发生如下反应：

$$CaCO_3 \text{（固体）} \rightleftharpoons CaCO_3O \text{（溶解）}$$

$$CaCO_3O \text{（溶解）} + 2H^+ \rightleftharpoons Ca^{2+} + CO_2 + H_2O$$

Ca^{2+} 离子与溶解的酸发生反应为

$$Ca^{2+} + 2Cl^- \rightleftharpoons CaCl_2$$

$$Ca^{2+} + 2F^- \rightleftharpoons CaF_2$$

$$Ca^{2+} + 2HSO_3{}^- \rightleftharpoons Ca(HSO_3)_2$$

$$Ca^{2+} + SO_3{}^- \rightleftharpoons CaSO_3$$

生成溶解的亚硫酸钙的反应，主要发生在吸收区上部，因为烟气中 SO_2 含量的降低，使此区域内的浆液保持一个高的 pH 值，极大地降低了 $HSO_3{}^-$ 的浓度，从而在进一步提高脱硫效率同时降低了在吸收区结垢的可能性。

在吸收区下部以及在氧化区是降低 SO_2 浓度的主要区域，pH 值较低。在此区域内，洗涤液含有少量的亚硫酸钙，但有更多的亚硫酸氢钙。

除了 pH 值和液气比外，脱硫效率还取决于上述中和反应的速度和石灰石溶解的速度。而石灰石溶解的速度取决于 H^+ 的浓度，而且随 pH 值的降低而加快。钙离子、氯离子和硫酸根离子对石灰石的溶解速度有负面影响。其中氯离子随烟气和工艺水进入吸收系统，钙离子由吸收浆液带入，而硫酸根离子由氧化溶解的亚硫酸根离子产生。浆液中氯离子浓度通过废水排放来控制。

（4）亚硫酸氢钙的氧化。一些已形成的亚硫酸氢钙，被浆液所含的氧在吸收区氧化，即

$$HSO_3{}^- + 0.5O_2 \rightleftharpoons SO_4{}^- + H^+$$

而剩余的亚硫酸氢根则在氧化区由浆池中大量空气所氧化。在此工艺中，pH 值主要控制在 4.5～5.5，更多的 H^+ 离子按上述反应形成了。

这些 H^+ 离子由浆液中过剩的石灰石所中和，其结果是生成了溶解的硫酸钙，即

$$CaCO_3 + 2H^+ \rightleftharpoons Ca^{2+} + H_2O + CO_2$$

$$SO_4{}^- + Ca^{2+} \rightleftharpoons CaSO_4$$

（5）反应产物的结晶。连续产生的硫酸钙导致溶液的过饱和，从而形成了石膏晶

体，即

$$CaSO_4 + 2H_2O \rightleftharpoons CaSO_4 \cdot 2H_2O$$

通过维持浆液中固体含量在 80～180g/L 的水平，石膏结晶的过程最优化，新生成的石膏在晶种上逐步长大成石膏晶体，所产生的副产品石膏从系统中排除。

四、完成任务

登录 660MW 超超临界机组（含 330MW 亚临界机组、350MW 超临界循环流化床机组、50MW 循环流化床母管制机组）系统平台，严格按规范程序完成脱硫系统的启动工作。

五、任务评价

根据工作任务的完成情况，对照评价项目和技术标准规范，逐项评价，确定技能水平和改进的要求。脱硫系统启动评价表见表 1-17-10。

表 1-17-10　　脱硫系统启动评价表

内容		评价	
学习目标	评价项目	个人评价	教师评价
知识目标	防止泵与风机启动后轴承温度异常升高		
	防止设备及管道漏浆污染环境		
技能目标	接值长令：启动____脱硫系统		
	全面检查____脱硫系统设备完好，检修工作结束，工作票终结，安全措施已拆除，设备及周围环境清洁无杂物，人孔门关闭，具备投入条件		
	检查开启____吸收塔原烟道、净烟道疏水门		
	检查各热工信号、测量仪表安装完整齐全，具备使用条件，确认压缩空气系统运行正常		
	全面检查确认各泵及风机地脚螺丝、靠背轮及防护罩连接牢固，轴封水投入正常		
	全面检查各泵及风机电机接线盒完整、电机外壳接地良好，电机外观完好，地脚螺丝紧固，符合启动条件		
	检查确认各泵及风机电机绝缘合格并送电		
	检查各电动门、调节门传动正常		
	联系热控投入____ CEMS 系统装置电源		
	退出循环浆液泵电机、氧化风机电机绕组电加热运行		
	检查塔除雾器冲洗水泵运行正常，工艺水压力流量、压力正常		
	检查石灰石浆液箱液位正常，石灰石浆液泵具备供浆条件		
	检查关闭____吸收塔排放门		
	启动事故浆液泵向吸收塔注浆		
	启动____石灰石浆液箱，保持循环运行方式		

续表

内容		评价	
学习目标	评价项目	个人评价	教师评价
技能目标	当吸收塔液位大于 3m 后启动吸收塔搅拌器运行		
	启动____石膏排出泵		
	检查投入____吸收塔 pH 计、密度计；投入 pH 计自动		
	检查吸收塔液位至 7m，停止注浆		
	联系集控运行人员，在____炉第一台引风机启动前 1h 启动____浆液循环泵运行		
	检查浆液循环泵运行正常后，启动____氧化风机		
	检查 _ 氧化风机运行正常，风量风压正常		
	汇报值长，____脱硫系统具备投运烟气系统的条件		
	当____脱硫系统投入烟气运行，原烟气到达 60℃后投入第二台循环泵运行		
	投入____吸收塔供浆调节门自动，根据机组负荷及脱硫效率合理控制吸收塔 pH（pH 值在 4.5～5.5 之间）、循环泵运行数量		
	根据____吸收塔浆液密度情况（保证浆液密度在 1130mg/m^3），启动____石膏脱水系统运行		
	投入____吸收塔除雾器冲洗水程控系统运行		
	全面检查____脱硫系统启动正常		
	操作完毕，汇报值长		
素质目标	沟通能力		
	团队合作能力		
	方法创新能力		
	突发事件处理能力		
改进要求			

六、 课后练习

（1）制订脱硫系统投运的操作票。

（2）简述脱硫原理。

（3）利用仿真平台训练脱硫系统投运的操作。

工作任务十八 机组热态启动

资源库 73_机组热态启动

热态启动要求及注意事项如下：

（1）汽轮机热态启动冲转蒸汽参数选择见《机组启动方式及状态规定》，启动各阶段的参数及暖机时间参考中压缸热态启机曲线。

（2）冲转参数应与缸温相匹配，因无调节级主蒸汽温度应高于高压缸第 1 级金属温度 50～100℃，再热蒸汽温度应高于中压第 1 级处金属温度 50℃以上，且主、再热蒸汽温度有 50℃以上的过热度。允许不匹配率维持在−110～+167℃，理想不匹配数值为28～55℃。

(3) 冲转前先送轴封后抽真空。温态及以上启动高中压轴封蒸汽温度：360～440℃，有50℃以上的过热度，轴封蒸汽温度要与缸温相匹配。在轴封暖管和送轴封过程中要严密监视汽缸上下缸温差及胀差的变化。

(4) 主、再热蒸汽管道疏水充分。高中压缸本体疏水处于关闭状态，冲转前5min再开启。

(5) 冲转前锅炉升温升压期间，注意各主汽阀、调阀、止回阀是否严密，防止低温蒸汽或疏水漏入汽缸，做好缸温记录。

(6) 热态启机无需进行高压缸正暖和中速暖机，500r/min摩擦检查后可直接升速至3000r/min。

(7) 发电机开始转动后，即认为发电机及其全部设备均已带电，除有关高压测试工作外，不得在发电机回路进行任何检修工作。

(8) 只有在发电机充氢、定子绕组通水、各冷却器通水，且转速达到3000r/min后，才允许加励磁升压。转速超过3000r/min或低于3000r/min时，严禁加励磁，防止发电机过励磁。

(9) 机组定速后，检查各部分正常，应尽快并列，将负荷加至汽缸金属温度对应的负荷，防止缸温大幅持续下降，定速后的空转时间应小于15min。冲转及带负荷过程中，密切注意机组振动情况，防止汽轮机负胀差过大。

(10) 机组热态启动过程中锅炉无需进行热态清洗。

(11) 热态启动时锅炉上水应缓慢（因给水温度与省煤器、水冷壁壁温差较大），上水流量应根据水冷壁和储水箱壁温度情况进行控制，一般上水流量不超50～100t/h，最大不超过200t/h；省煤器入口和出口给水温度最大温差应小于105℃，超限时应立即降低上水速度，防止锅炉水冷壁发生振动。

(12) 锅炉升温升压速率严格按照《机组温态启动曲线》《机组热态启动曲线》及《机组极热态启动曲线》执行。

(13) 机组热态启动采用中压缸冲转时，通过机侧疏水或高低压旁路把锅炉主汽压泄至10MPa，通过旁路将再热汽压维持在0.8MPa。

(14) 其他的操作及注意事项同冷态启动。

工作领域二 机组运行调整

工作任务一 负荷控制方式及运行方式

一、单元机组各种负荷控制方式工作特点

热力发电厂机组负荷控制方式一般有五种，即锅炉跟随控制方式、汽轮机跟随控制方式、以锅炉跟随为基础的协调控制方式、以汽轮机跟随为基础的协调控制方式、综合型协调控制方式。

资源库74_负荷控制系统及调节方法

1. 锅炉跟随（BF）控制方式

（1）工作特点：当负荷变化时，汽轮机主控首先发出调节门开度指令以调节负荷；随后压力发生变化，锅炉主控再发出燃料量指令来调节汽压。

（2）具体动作过程：当负荷指令 P_0 改变时，汽轮机主控制器先发出汽轮机控制指令 M_T，再通过汽轮机子控制系统发出调节门开度指令 u_T，从而改变汽轮机的进汽量，使机组输出电功率 P_E 迅速与 P_0 趋于一致。调节门开度改变后汽压 p_T 随即变化，这时，锅炉主控制器根据汽压偏差发出控制指令 M_B，再通过锅炉子控制系统改变锅炉的燃烧率指令 u_B，使汽压 p_T 恢复到给定值 p_0。最后稳态时，$P_E=P_0$，$p_T=p_0$。

（3）优点：此控制方式，利用锅炉的蓄热能力，通过直接开关调节门改变蒸汽流量，从而改变负荷，所以负荷响应快，对电网稳定有利。

缺点：若负荷变换快，调节门动作大，将会造成汽压波动大；另外是当煤量波动引起汽压波动时，为了保持输出电功率而要动作调节门，将进一步加大汽压的波动。

适应场合：当单元机组中锅炉设备运行正常，机组的输出电功率因汽轮机部分设备工作异常而受到限制时，可采用锅炉跟随方式。由汽轮机根据带负荷能力控制机组负荷，由锅炉保持汽压。

2. 汽轮机跟随（TF）控制方式

（1）工作特点：当负荷变化时，锅炉主控先发出燃料量指令调节负荷；随后汽压发生变化，汽轮机主控再发出调节门开度指令以调节汽压。

（2）具体动作过程：当负荷指令 P_0 改变时，锅炉主控制器先发出锅炉控制指令 M_B，锅炉子控制系统计算后发出改变锅炉的燃烧率指令 u_B。待汽压 p_T 改变后，汽轮机主控制器发出汽轮机控制指令 M_T，再通过汽轮机子控制系统发出调节门开度指令 u_T，从而改变进入汽轮机的蒸汽流入量，使机组输出电功率 P_E 改变，并与负荷指令 P_0 趋于

一致。最后稳态时，$P_E=P_0$，$p_T=p_0$。

（3）优点：此控制方式下，由于汽压稍有变化，调节门即动作维持汽压至设定值，故汽压波动小，有利于机组的安全稳定。

（4）缺点：当负荷变化时，没有利用锅炉蓄热能力，而是先改变燃烧率，待主蒸汽压力变化时，调节门才动作改变负荷，因此适应负荷响应慢；另外当煤量波动引起汽压波动，为了保持汽压而要动作调节门，将进一步加大电负荷的波动。

（5）适用场合：当单元机组中汽轮机设备运行正常，机组的输出电功率因锅炉部分设备工作异常而受到限制时，可采用汽轮机跟随方式。由锅炉根据带负荷能力控制机组负荷，由汽轮机保持汽压。

锅炉跟随和汽轮机跟随控制方式的优缺点比较见表 2-1-1。

表 2-1-1　　锅炉跟随和汽轮机跟随控制方式的优缺点比较

扰动	锅炉跟随		汽轮机跟随	
	电功率	汽压	电功率	汽压
负荷指令扰动	响应快	波动大	响应慢	波动小
燃烧扰动	波动小	波动大	波动大	波动小

锅炉跟随和汽轮机跟随的负荷控制方式下，当负荷变化时，在输出电功率和汽压的控制性能方面存在顾此失彼的问题。为了解决这一问题，就需要采取协调控制方式，即允许汽压有一定波动，以便能充分利用锅炉的蓄热量，较快地跟踪电网负荷，同时又必须保证机压力波动在一定范围。

3. 以锅炉跟随为基础的协调控制方式

锅炉跟随方式中，汽轮机控制功率，锅炉控制汽压，由于机炉动态特性的差异造成汽压波动较大，为了减少汽压的波动，在锅炉跟随的基础上，将汽压偏差引入汽轮机主控制器，让汽轮机主控调节电功率的同时，配合炉侧调整汽压，即为以锅炉跟随为基础的协调控制方式。

工作特点：当负荷变化时，汽轮机主控首先发出调节门开度指令以调节负荷；随后压力发生变化，锅炉主控和汽轮机主控同时动作，分别改变燃烧率和汽轮机调节门开度来调节汽压。最终由锅炉侧保证汽压 p_T 为给定值 p_0，汽轮机侧保证输出电功率 P_E 与指令 P_0 一致。

优缺点：从汽压偏差对汽轮机调节门的限制作用可见，相比锅炉跟随方式，这样可使汽压波动不超过允许范围，但同时也减慢了输出电功率的响应速度，实质上是以降低输出电功率响应性能作为代价来换取汽压控制质量的提高。

4. 以汽轮机跟随为基础的协调控制方式

汽轮机跟随方式，由汽轮机控制汽压，锅炉控制功率，锅炉的延迟特性使负荷响应很慢，为了加快负荷的响应速度，在汽轮机跟随的基础上，将输出电功率引入汽轮机主控制器，让汽轮机主控制器调节压力的同时，配合锅炉侧共同调节电功率，即为以汽轮机跟随为基础的协调控制方式。

工作特点：负荷变化时，锅炉主控和汽轮机主控同时动作，分别改变燃烧率和汽轮机调节门开度来调节负荷。随后汽压发生变化，汽轮机主控再发出调节门开度指令以调节压力。最终由汽轮机侧保证汽压 p_T 为给定值 p_0，锅炉侧保证输出电功率 P_E 与指令 P_0 一致。

优缺点：相比汽轮机跟随方式，在负荷指令改变时，汽轮机调节门配合锅炉侧同时动作，暂时利用了蓄热能力，所以功率响应加快，但是汽压偏差也因此加大，实质上是以加大汽压动态偏差作为代价来换取功率响应速度的提高。

5. 综合型协调控制方式

前述两种协调控制方式只实现了"单向"的协调，机、炉主控制指令信号 M_T 和 M_B 中，只有一个指令信号同时受 ΔP 和 Δp 信号的协调控制，而另一指令信号单独受 ΔP 或 Δp 的控制。综合协调控制方式实现"双向"协调，即机、炉主控制指令信号 M_B、M_T 都是同时受 ΔP 和 Δp 信号的协调控制。

（1）工作特点：当负荷指令 P_0 改变时，汽轮机、锅炉主控制器同时动作，改变锅炉的燃烧率和汽轮机调节门开度，来应对负荷变化。接着，当汽压产生偏差时，汽轮机、锅炉主控制器同时动作，适当地限制汽轮机调节门开度的变化，并适当地加强锅炉燃烧率的控制作用。最终机炉主控制器共同保证输出电功率 P_E 与负荷指令 P_0 一致，汽压 p_T 恢复为给定值 p_0。

（2）优缺点：综合型协调控制方式通过"双向"的机炉协调操作，具有较好的负荷适应性能和汽压控制性能，是一种较为合理和完善的协调控制方式。

二、 母管机组负荷控制方式工作特点

蒸汽母管作为并列运行母管制锅炉的核心装置之一，母管压力的控制效果直接影响锅炉运行状况和煤粉利用率。然而母管压力参数具有滞后时间长、内外干扰大等特点，控制难度较大，已成为广大热电厂的主要攻关课题。因此，中控经过长期研究论证，提出了负荷分配、前馈、非线性综合控制策略。该控制策略的主要原理是根据主设备运行工况自动区分内外扰动类型，并依据扰动强弱判断燃烧稳定状态。

锅炉运行时蒸汽压力是否稳定，取决于锅炉蒸发量和外界负荷两个方面。只有锅炉蒸发量等于外界负荷所需要的蒸发量时，汽压才能维持稳定。影响汽压变化的因素有以下两点：一是锅炉外部的因素，称为外扰；二是锅炉内部的因素，称为内扰。

1. 外扰

外扰主要是指外界负荷的正常增减及事故情况下大幅度减负荷。当外界负荷突然增加，而锅炉的燃料量未来得及增加时，汽压将下降；当外界负荷突然减少时，汽压则上升。在母管制系统中，当外界负荷变化时，并列运行的各锅炉汽压将受到一定的影响，其后果与外界负荷变化的剧烈程度、各炉特性和各炉所处位置有关；当外界负荷不变时，并列运行锅炉之间的参数变化也将互相影响。例如：某一台炉由于汽压下降，而影响其他炉汽压也下降也属外扰因素。

2. 内扰

内扰是指锅炉机组自身因素引起的汽压变化。主要包括炉内燃烧工况的变化（如燃烧不稳定等）和锅炉工作情况（如热交换）的不正常。燃烧不稳定的原因很多，如煤质、入炉粉量、煤粉细度、风粉配合、风量风速变化、炉内结焦、炉内漏风、制粉系统故障、油压、油质、油温变化等，这些都会降低传热效果，影响蒸发量。

3. 内扰和外扰的判断

不论是内扰还是外扰，汽压的变化总与蒸汽流量的变化密切相关。因此，在锅炉运行中，可根据汽压和蒸汽流量的变化，来判断引起汽压变化的原因属于内扰还是外扰：汽压与蒸汽流量变化的方向若相反，则属外扰；汽压与蒸汽流量变化的方向若相同，大多数是内扰所致。

对单元机组运行而言，燃料量减少，蒸汽量下降，而炉的蒸汽流量反而增加。此过程，初期受内扰，后期则兼受外扰。

4. 常规燃煤锅炉母管压力

常规的燃煤锅炉母管压力/给粉调节系统设计方案多以母管压力为校正调节器，与各调压炉的热负荷调节器构成了串级调节系统。母管压力校正调节器根据母管压力的偏差值，将热负荷要求分配给各调压炉。母管压力校正调节器及热负荷调节器均采用常规PID控制。事实证明，该方案很难取得良好控制效果，具体原因如下：

母管压力信号时滞大。并列运行的锅炉压力耦合现象严重，不能快速跟踪负荷的变化。并列运行的锅炉越多，则时滞越大，热量信号难以准确整定。由于每台锅炉炉膛的煤粉进量缺乏很好的计量手段，通常以热量信号作为煤粉量的间接反应。但蓄热系数在实际应用中难以整定，导致在调试中控制系统不能正确区别内外扰动。

5. 母管压力负荷分配控制

主蒸汽母管压力的调节实质是对进入蒸汽母管流量或各锅炉蒸发量的调节。汽压过高、过低或者急剧变化，对锅炉机组以及整个发电厂运行都是很不利的。因此应加强对汽压的控制并限定其波动范围。汽压变化是不可避免的，但应及时地、正确地调整燃烧状态，以尽快恢复汽压稳定。对并列运行机组，应根据设备的运行特性确定一台或几台炉作为调压炉，以应付外界负荷的变化。而其他炉作为定负荷炉，进行固定热负荷燃烧的风煤自动控制，并实现炉内扰动的稳定控制。母管压力控制的负荷指令必须经过温度压力补偿运算，以消除由外扰产生的假负荷量对母管压力控制的逆转反应。

针对母管制锅炉的强耦合特点，中控提出压力协调控制方案，即对相邻调压炉的压力负荷偏差阈值进行自动平衡分配或手动修正，以抑制因调压炉间压力及流量偏差而产生的互相干扰。

工作任务二　蒸 汽 参 数 调 整

一、主蒸汽压力调整

（1）正常运行中，主蒸汽压力给定值根据机组滑压运行曲线自动给定。汽轮机跟随

资源库 75_锅炉汽压的控制与调整

的运行方式，通过改变调节门开度来保持主汽压力；锅炉跟随的运行方式，锅炉通过改变燃烧率来保持主汽压力；协调运行方式机炉作为一个整体联合控制机组负荷及主汽压。

（2）负荷变动时应及时调整燃料量、给水量，改变锅炉蒸发量，维持汽压在负荷对应的定压或滑压曲线范围内。90%及以上额定负荷工况下运行时，过热出口蒸汽压力保持在 28.15MPa。

（3）一般情况下，压力的调整主要通过调整燃烧及给水来进行，必要时可通过调整调节汽门的开度来调节汽压。在调节压力的时候应密切注意煤水比，防止超温或汽温急剧下降。

（4）在汽压调整过程中，应注意燃料量的变化幅度不应太大。如果燃烧不稳，应及时投油稳燃。

（5）在手动与自动切换时，要尽量使实际压力与自动设定值一致，然后再进行切换。改变主汽压力设定值时幅度不应过大，每次改变设定值不应超过 0.2MPa/min。

（6）当出现高压加热器解列、调节门摆动及机组甩负荷时，压力高于额定蒸汽压力，正常应采用减燃料量、减给水量方式降低压力，尽快使汽压恢复至正常值。

（7）任何情况下，若主、再热汽压达到安全门动作值，而安全门拒动，应立即切除部分制粉系统运行，检查 PCV 阀开启泄压。当发生大部分安全门拒动，压力仍继续上升时，应立即手动 MFT 停炉，严禁锅炉超压。

（8）在非事故状况下，禁止用打开 PCV 阀手段降压。

资源库 76_锅炉蒸汽温度调节

二、主蒸汽温度调整

（1）锅炉正常运行时，负荷为（35%～100%）BMCR 时，主蒸汽温度在应控制在（605±5）℃范围内，两侧蒸汽温度偏差小于 10℃。受热面沿程蒸汽温度、受热面金属温度不超过各段规定值。

（2）主蒸汽温度的调整是通过调节燃料与给水的比例，控制中间点焓值为基本调节，当中间点焓值变化较大时，应优先通过给水来调整煤水比例，以减小焓值的偏差，在 45%～100%负荷范围内保持启动分离器蒸汽过热度为 10～30℃。主蒸汽一、二级减温水是主汽温度调节的辅助手段，一级减温水用于保证屏式过热器不超温，二级减温水用于对主蒸汽出口温度的精确调整。

（3）正常运行中启动分离器内蒸汽温度达到饱和值是煤水比严重失调的现象，要立即增加热负荷或减少给水，保持启动分离器内蒸汽温度在正常范围内。

（4）手动进行汽温调整时，注意分析汽温变化的方向，掌握调节提前量，调整操作时应平稳、均匀，注意尽量不要对中间点焓值及减温水大幅增减，防止造成汽温的波动或急剧变化，保证设备的安全、经济运行。

（5）高压加热器投停时，沿程受热面工质温度随着给水温度变化逐渐变化，要严密监视给水、省煤器出口、螺旋管出口工质温度的变化情况。待启动分离器入口蒸汽温度开始变化，通过在协调模式下修正燃水比或手动调整的情况下维持燃料量不变调整给水量，参照启动分离器入口蒸汽温度和一、二级减温水门开度控制沿程蒸汽温度在正常范围内。高压加热器投、停后由于机组效率变化，在汽温调整稳定后应注意适当减、增燃料来维持机组要求的负荷。

三、再热蒸汽温度调整

(1) 锅炉正常运行时，再热蒸汽温度在机组（50%～100%）BMCR 负荷范围内应控制在（603±5)℃范围内，两侧蒸汽温度偏差小于 10℃，受热面沿程蒸汽温度、受热面金属温度不超过规定值。

(2) 再热蒸汽温度主要通过尾部烟道挡板进行调整，当再热汽温不正常超出烟气挡板调节能力范围时，应投入再热事故喷水调节。正常运行中要尽量避免采用事故喷水进行再热汽温调整。

(3) 用烟气挡板调节再热汽温时，要考虑挡板调节汽温的迟缓率较大，注意不要大幅度开、关烟气挡板，手动调整时要注意掌握提前量。再热汽温较高时，关烟气挡板原则上不应低于 10%。

(4) 事故减温水调节时要注意减温器后蒸汽温度的变化，一般情况减温器后的蒸汽温度要应保持 20℃以上过热度。

(5) 正常运行中再热汽温的调节也可以通过改变锅炉总风量，切换制粉系统改变火焰中心，炉膛吹灰，燃烧器的配风等燃烧调整手动进行调节。

(6) 主、再热蒸汽温度的调整要以金属温度不超限为前提，金属温度超限时要及时减小燃烧率，必要时适当降低蒸汽温度，尽快将金属温度降至正常允许范围内。

工作任务三　给 水 调 整

一、汽包炉给水调整

1. 汽包水位调节的原则

资源库 77_汽包水位调节

(1) 水位的调整是确保锅炉安全稳定运行的重要环节，在各种负荷下，应连续均匀地向锅炉进水，保持汽包水位在允许的范围内波动。

(2) 原则上以汽包就地水位计（磁翻板水位计）的指示为准，在开机过程中，以电触电水位计为主要监视表计，正常运行时以数字水位计为主要监视表计。运行中汽包水位以就地水位计（磁翻板水位计）指示为准，对其他水位计进行校验，运行监控时要对照各水位指示，并参照给水流量和蒸汽流量指示，防止表计误差或失灵。

(3) 随时监视蒸汽流量、给水流量、汽包压力和给水压力等主要数据，发现不正常时，立即查明原因，及时处理。

(4) 手动调节时，应随时监视蒸汽流量、给水流量和汽包水位的变化，超前进行调整。

(5) 锅炉正常运行水位（零位）在汽包中心线下 100mm 处。正常运行汽包水位应控制在±50mm 范围内。

资源库78_影响汽包水位的因素

2. 负荷变化过程中汽包水位的调节

（1）当电负荷缓慢增加，主蒸汽流量增加，主蒸汽压力下降水位降低时，应根据情况适当增加给水流量。使之与主蒸汽流量相适应，保持水位正常。

（2）当电负荷缓慢降低时，主蒸汽流量降低，主蒸汽压力升高，水位将升高，应根据情况适当减小给水流量。使之与主蒸汽流量相适应，保持汽包水位正常。

（3）当电负荷急剧增加，主蒸汽流量增加，主蒸汽压力下降，负荷突升使汽包压力下降引起汽包水位先上升，由于此时给水流量小于蒸汽流量，水位的升高是暂时的，但很快会下降，切不可过多减少给水流量；手动调节时，切不可盲目减少给水流量，而应尽快恢复负荷，保持汽包压力，若一时无法恢复，应增加燃料量，待汽包压力恢复、汽包水位即将有下降趋势时立即增加给水流量。使给水流量与主蒸汽流量相适应，保持汽包水位正常。

（4）当电负荷急剧降低，主蒸汽流量下降，主蒸汽压力升高，负荷突降使汽包压力升高引起汽包水位先降低，由于此时给水流量大于蒸汽流量，水位的下降是暂时的，但很快会上升；手动调节时，切不可盲目增加给水流量，而应尽快恢复负荷，保持汽包压力，若一时无法恢复，应减少燃料量，待汽包压力恢复、汽包水位即将有上升趋势时立即减小给水流量。使给水流量与主蒸汽流量相适应，保持汽包水位正常。

（5）若是煤质变差或燃料量突降使汽包压力下降引起水位升高，应先设法恢复燃料量，若暂时无法恢复，应立即减少给水流量与蒸汽流量相适应。

二、直流炉给水调整

（1）锅炉启动过程及负荷低于21%BMCR时，应控制分离器储水罐水位为10 000～16 500mm，主给水流量要保持在21%BMCR，锅炉启动系统处于361阀和启动疏水泵控制方式。

（2）热负荷大于21%BMCR，储水箱水位逐渐蒸干后低于9000mm，361阀关闭，锅炉转干态运行，给水流量开始随燃料量增加，维持煤水比。在给水调整的过程中，应保持锅炉的负荷与煤水比的对应关系，防止煤水比失调造成参数的大幅度波动。

（3）负荷小于30%BMCR时，给水流量由给水旁路调节，超过30%BMCR时应将旁路切为主路，用给水泵转速控制给水流量。

（4）锅炉直流运行时给水应根据负荷、煤水比及中间点温度调整，既要满足负荷的需要又要保证各受热面不超温，防止煤水比失调造成参数大幅波动。

工作任务四　燃　烧　调　整

工作子任务一　煤粉锅炉的燃烧调整

一、燃烧调整

（1）正常运行时煤粉的着火距离适中，火焰稳定，且均匀地充满炉膛，不应直接冲刷水冷壁，两侧烟温偏差不超过 50℃，尽量减少不完全燃烧损失，减少 NO_x 排放量，提高锅炉运行的经济性，保证锅炉各级受热面不超温。

资源库 79_燃烧调整的任务

（2）正常运行中煤粉燃烧时火焰呈金黄色，火焰均匀地充满炉膛且无抖动，煤粉着火点和扩散角适中，火焰不贴墙，DCS 系统各火检指示信号基本满量程且无闪烁。

（3）值班员应积极了解本班入炉煤质情况，以便根据燃料特性及时调整燃烧工况，当来煤偏离设计煤种较大或阴雨天来煤较湿时运行人员应在班前做好事故预想。

（4）发现存在锅炉结渣倾向时，合理调整配风，适当加大风量，防止出现局部还原性气氛，调整制粉系统运行方式，有效地降低炉膛局部热负荷。

（5）为防止燃烧不稳，在锅炉负荷 60%以下不得进行炉膛受热面蒸汽吹灰。

（6）为保证燃烧的经济性，要定期对煤粉细度进行测量和调整，定期对飞灰、炉渣进行取样分析。值班人员应依据测量及分析结果及时进行相应的调整。

（7）机组负荷低于 50%额定负荷或燃烧不稳时，应立即投油助燃，稳定燃烧。

（8）对锅炉进行调整时，要加强运行参数和受热面金属温度的监视。如果受热面蒸汽温度或一、二级减温水两侧温度偏差大或各处受热面金属温度偏差大，要及时查找原因并进行处理。

（9）在负荷调整的过程中，应保持锅炉负荷与煤水比的对应关系，防止煤水比失调造成参数的大幅度波动。

（10）机组负荷增减时，应主要调整将要启停操作的磨煤机负荷，其他磨煤机可以微调。需要注意的是，停磨操作时，应保持或增加运行磨煤机的负荷，防止运行磨煤机负荷过低，不能维持自身燃烧器着火。在投入制粉系统之前，应正确投入对应的油枪。

（11）定期检查燃烧器和受热面，如有结焦、积灰、堵灰现象，应及时采取有效措施，燃烧不稳时，禁止吹灰、打焦。

二、风量调整

资源库 80_风量的调整

（1）正常运行时，炉膛负压和锅炉风量调整投入自动，运行人员应根据煤质、负荷及实际燃烧情况及时调整偏置设定值，保证锅炉风量满足运行要求，维持炉膛负压在（−100±50）Pa 范围内，禁止炉膛正压运行，保证锅炉不向外冒烟气。

（2）运行中根据入炉煤质及机组负荷情况及时对一、二次风量、风压进行调整，组织炉内良好的燃烧工况，使煤粉着火点和扩散角适中，火焰无偏斜、贴墙现象。维持转向室出口处两侧烟温差小于 30℃，最大不超过 50℃。

（3）各层燃烧器的二次风量通过位于各层燃烧器两端的二次风挡板来进行控制。各台燃烧器的内外二次风的比例通过调整燃烧器面板上的拉杆来确定，正常运行中不允许随意调整。

（4）一般情况锅炉负荷在 70%时，开启顶部燃尽风门，到 85%及以上负荷时将顶部燃尽风门开至 100%。

（5）投油前打开该层的中心风门，正常运行中中心风门根据负荷、煤质等具体情况进行开关，主要是由是否需要热烟气的回流来决定。

（6）根据机组不同负荷，供给合适的空气量。一般情况下，80%及以上负荷时，控制平均烟气含氧量为3%；70%负荷控时，控制平均烟气含氧量为4%；50%负荷时，控制平均烟气含氧量为5%。针对不同的煤种及各部分汽温偏离设计工况的具体情况，可及时对送风进行调整，以满足锅炉安全、经济运行的需要。

（7）40%负荷以下时，锅炉应保持定风量（风量30%～40%不变）运行；40%负荷以上，要注意风量应与燃料量相匹配。当锅炉增加负荷时，应先增加风量，再增加给煤量；反之，应先减少给煤量，再减少风量。

（8）为了减少漏风，锅炉运行过程中，炉膛各人孔门、观察孔应处于严密关闭状态。

三、燃料量调整

资源库81_燃料量的调整

（1）正常运行中DCS协调功能投入，燃料量的调整随锅炉负荷需求自动增加或减少。

（2）机组满负荷运行时，根据煤质及燃烧情况一般采用5套或6套制粉系统运行，机组负荷变化不大时，通过调整运行中制粉系统出力来满足负荷的要求。机组负荷变化较大时，磨煤机裕量或喷燃器的最低稳燃能量不满足运行要求时，通过启、停制粉系统的方式满足负荷需求。

（3）机组低负荷运行时，应合理安排磨煤机运行方式，保持较高的煤粉浓度，当出现炉膛火焰闪动、火焰不明亮、负压摆动较大时，应及时投油助燃，防止锅炉灭火。

（4）锅炉负荷变化时，及时调整风量、煤量、给水量以保持汽温、汽压的稳定，其幅度不宜过大，尽量使同层煤粉量一致。调整给煤量不能满足要求时，采用启、停磨煤机的方法。

（5）正常运行时，同一层标高的前后墙燃烧器应尽量同时运行，不允许长时间出现前后墙燃烧器投运层数差为两层及以上运行方式。

（6）煤粉燃烧器运行要求：

1）当锅炉负荷达到40%～100%额定负荷时，应使风量与燃料量相匹配，继续升负荷时应先增加风量后增加燃料量。

2）当锅炉负荷处于最低不投油稳燃负荷以下时，应投入油枪助燃；当锅炉负荷在最低不投油稳燃负荷以上时，可逐步停运油枪。

3）当两台以上的磨煤机投运时，负荷稳定后全部运行磨煤机之间的最大出力偏差不应超过5%。同一台磨煤机对应的燃烧器需同时停投。

4）当炉膛有两层及以上煤粉燃烧器在运行时，不允许一侧超过另一侧两层及以上的燃烧器运行。

5）锅炉负荷降低时，应先减少燃料量后减少风量。

6）50%额定负荷以下，停运某一层煤粉燃烧器时，应首先将对应的中心风母管的风门置于油枪点火位置，之后投运该层的全部油枪，全部油枪成功投运后将相应的二次风门置于吹扫位置，停相应的给煤机，维持足够的冷风量，对磨煤机及相应的煤粉管道进行吹扫。

7）锅炉不同工况、负荷下，磨煤机的运行数量要使各运行燃烧器的风速与设计值尽可能地接近；燃尽风的风量应使锅炉能够获得低的 NO_x 排放和高的燃烧效率。

8）锅炉冷态启动时，可从下往上逐层投入燃烧器；锅炉热态启动时，可从上往下逐层投入燃烧器。

四、制粉系统调整

（1）正常运行中制粉系统出力受锅炉负荷指令控制，一般给煤出力应为 20～60t/h，最高不应超过 76.0t/h。根据不同制粉系统设备状况，值班员可适当加偏置，以改变不同制粉系统的出力。

（2）正常运行中磨煤机的出口温度和入口风量投入自动调整，磨煤机的冷、热风调节挡板分别调节磨煤机的出口温度和磨煤机的一次风通风量。

（3）正常运行中磨煤机出口温度定值一般设在 65～115℃，当出口温度低于 65℃时应及时减出力运行并检查造成出口温度低的原因，此时应重点预防磨煤机堵煤；当出口温度高于 115℃时，应重点检查磨煤机是否断煤，必要时提高出力运行，此时应重点预防磨煤机内着火和爆炸。

（4）正常运行中磨煤机风量低，应重点预防磨煤机堵煤，手动调整磨煤机风量时，要注意调整速度不应过快，以防止对燃烧产生过大的扰动。

（5）制粉系统停运前要减小停运磨煤机的出力，同时逐步增加运行磨煤机的出力，准备停运磨煤机的出力降至最小后运行至少 5min 后停该制粉系统。

（6）制粉系统切换时，首先逐步降低准备停止磨煤机的出力至最小，然后启动备用制粉系统，备用制粉系统运行稳定后再停止准备停运的制粉系统。

工作子任务二　循环流化床锅炉的燃烧调整

循环流化床锅炉的燃烧调整，主要是通过对给煤量的调节来调整负荷；通过一次风量，一、二次风的分配来调整燃烧；通过排渣控制床压，通过调整燃料量、风量等的调整来控制床温，同时保证物料循环系统正常运行，来保证锅炉稳定、连续运行以及脱硫脱硝效果。

一、负荷控制

锅炉负荷的调节主要是通过改变给煤量和与之相应的风量。增加负荷时，先增加风量后增加给煤量；反之，降负荷时，先减少给煤量，后减小风量，以维持尾部烟气中的含氧量不变。锅炉升负荷，床温将提高，反之，锅炉降负荷时，床温将降低，整个炉膛内的温度水平也将随负荷的变化而变化，其变化趋势与床温的变化趋势相同。

资源库 82_锅炉负荷调整

对于无外置式换热器的循环流化床锅炉，其变负荷的调节方法一般采用如下方法：

（1）采用改变给煤量来调节负荷。

（2）改变一、二次风比，以改变炉内物料浓度分布，从而改变传热系数，控制对受热面的传热量来调节负荷。炉内物料浓度改变，传热量必然改变。

（3）改变循环灰量来调节负荷。利用循环灰收集器或炉前灰渣斗，在增负荷时，加煤、加风、加灰渣量；在减负荷时减煤、减风、减灰渣量。

（4）采用烟气再循环，改变炉内物料流化状态和供氧量，从而改变物料燃烧份额，达到调整负荷的目的。

资源库 83_锅炉风量调整

二、风量调整

循环流化床燃烧采取分段送风，使燃烧始终在低过量空气系数下进行。一般情况下运行风量一次风占 55%～65%，二次风（包括播煤风、上二次风）占 35%～45%。对挥发份较高的烟煤，一次风比可取下限。对贫煤和无烟煤一次风比取上限。

（1）一次风量的调整。一次风的作用是保证物料处于良好的流化状态，同时为燃料燃烧提供部分氧气。基于这一点，一次风量不能低于运行中所需的最低风量。实践表明，对于粒径为 0～10mm 的煤粒，所需的最低截面风量为 1800（m^3/h）/m^2 左右。风量过低，燃料不能正常流化，锅炉负荷受到影响，而且可能造成结焦；风量过大，又会影响脱硫，炉膛下部难以形成稳定燃烧的密相区，对于鼓泡流化床炉必然造成飞灰损失增大。因此，无论在额定负荷还是在最低负荷，都要严格控制一次风量在良好沸腾风量范围内。

一次风量出现自行变化时，要及时查明原因，进行调整。

运行中，通过监视一次风量的变化，可以判断一些异常现象。例如：风门未动，送风量自行减小，说明炉内物料层增多，可能是物料返回量增加的结果；风门未动，风量自动增大，则表明物料层变薄，阻力降低。原因可能包括：煤种变化，含灰量减少；料层局部结渣；风从较薄处通过；物料回送系统回料量减少。

（2）风量配比。把燃烧所需要的空气分成一、二次风，从不同位置分别送入流化床燃烧室。在密相区内造成欠氧燃烧形成还原性气氛，大大降低热力型 NO_x 的生成；分段送风还控制了燃料型 NO_x 的生成，这是循环流化床锅炉的主要优点之一。但分成一、二次风和目的还不仅仅如此，一次风比（一次风占总风量的份额）直接决定着密相区的燃烧份额。在同样的条件下，一次风比较大，必然导致高的密相区燃烧份额，此时就要求有较多的温度较低的循环物料返回密相区，带走燃烧释放的热量，以维持密相床温度。如果循环物料不足，必然会导致床温过高，无法多加煤，负荷带不上去。根据煤种不同，一次风量一般占总风量的 50%～70%，二次风量占 20%～40%，播煤风及回料风约占 15%。若二次风分段布置，上、下二次风也存在风量分配问题。

二次风的配比对流化床锅炉的运行非常重要。启动时，先不启动二次风，燃烧所需的空气由一次风供给。实际运行时，当负荷在稳定运行变化范围内下降时，一次风按比例下降；当降至最低负荷时，一次风量基本保持不变，而大幅度降低二次风。这时，循环流化床锅炉进入鼓泡床锅炉的运行状态。

如果二次风分段送入，第一段的风量必须保证下部形成一个过量空气系数小于 1.0

的燃烧区，以便控制 NO_x 的生成量，降低 NO_x 的排放。

三、 床压控制

资源库 84_锅炉床压控制

循环流化床运行时维持一定厚度的料层是运行必不可少的。料层厚度可根据风室静压的变化来判断，当风量一定时，静压增高说明阻力增大，料层增厚，反之亦然。在送风机压头给定时，运行料层厚度取决于床料密度和运行负荷，床料（煤、石灰石、灰或其他外加物料）密度小，料层可厚一些，密度大，料层薄一点，满负荷时，物料循环量大，料层应厚，低负荷时，循环量小，料层应薄。床层流化正常时，风室静压指针呈周期摆动，当料层过厚，风室压力指针不再摆动，表明流化恶化。

料层过厚时应适当放掉部分冷渣，降低料层厚度，当风室压力指针大幅度波动时，可能出现结焦或炉底沉积大量冷渣，应及时排除，在运行中如料层自行减薄，可适当外加床料。

对循环流化床锅炉应尽量采取连续或半连续排渣的运行方式，即勤排少排原则，这样可保证床内料层稳定，防止循环有效颗粒的流失，有利于锅炉的稳定运行。

在运行中，有时随负荷增加一次风量维持不变。如料层厚度增加，风量表指示下降，再适当开大风门，维持一次风量指示不变，绝不能采用任意开大风门仅用风室静压来作为运行监视的办法。

四、 床温控制

资源库 85_锅炉床温控制

维持正常床温是流化床锅炉稳定运行的关键，在运行中要时刻注意料层温度变化。目前国内外研制和生产的循环流化床锅炉，床温大都选为 800～950℃。温度太高，超过灰变形温度，就可能产生高温结焦，也会影响 NO_x 排放和降低脱硫效果；温度偏低，对煤粒着火和燃烧不利，温度过低（600～700℃）就易灭火。各种煤种可据其灰熔点高低和着火难易适当提高和降低，在安全运行允许范围内应尽量保持高些。燃用无烟煤床温度可控制为 950～1050℃；当燃用较易燃烧的烟煤时，床温度可控制在 850～950℃范围内。

床温取决于燃烧份额的分配，即循环流化床燃烧室的每部分热量的产生和吸收平衡在哪个温度上。大体上循环流化床锅炉燃烧室可分为两个区域：一个是下部密相床区，另一个是上部稀相区。在稀相区其空隙率远大于密相区。煤燃烧过程释放的热量也分成两部分，燃料全部进入下部密相床区，首先释放挥发份，挥发分立即着火燃烧，固定碳则随后逐步燃烧。粗颗粒炭燃烧发生在密相床层内，而细颗粒焦炭会有一部分被夹带到稀相区燃烧。由于空气是从炉膛不同部位高度分段送入的，一次风量从床底部风室由风帽进入密相床区的，因此在保证料层流化质量的情况下，控制一次风总风量的比例，就可使密相床区处于还原性气氛，炭颗粒不完全燃烧形成 CO，在炉膛上部与二次风混合进一步燃烧变成 CO_2，这样可以改变密相床区的燃烧份额，使炉膛上部也保持较高的温度，有利于细颗粒炭粒子的燃尽。

循环流化床锅炉床温控制的重点是避免超温。影响炉内温度变化的原因是多方面的。如负荷变化时，风、煤未能很好地配合，即给煤量不均或煤质变化，一、二次风配比不当等。归纳起来，主要还是风、煤、物料循环量的变化引起的。在正常运行中，如果锅炉负荷没有增减，而炉内温度发生了变化，就说明煤量、煤质、风量或循环物料量发生了变化。风量一般比较好控制，但给煤量和煤质（特别是混合煤）不易控制。运行中要随时监视炉内温度的变化，及时调整。

工作任务五　汽轮机运行调节

一、主蒸汽压力允许偏差

（1）汽轮机高压缸进口的主蒸汽压力在任何12个月运行期间内平均值不应超过机组额定蒸汽压力27MPa。12个月期间在额定压力105%～120%期间的总的运行时间不超过12h，瞬时波动值不超过120%额定压力，每次波动时间不超过15min。

（2）汽轮机高排压力瞬时波动不得超过机组在额定功率时压力值的125%。

（3）中联门前再热汽压瞬时波动不得超过机组在VWO时压力值的115%。

二、主蒸汽温度允许偏差

（1）在任何情况下，主蒸汽温度不得超过额定温度28℃以上，即628℃以上。

（2）正常情况下，高压缸的任一进汽口处的平均主蒸汽温度在任何12个月运行期间不得超过额定温度8℃以上。

（3）在任何12个月内，主蒸汽温度瞬时超过额定温度8～14℃时运行的总时间不超过400h。

（4）在任何12个月内，主蒸汽温度超过额定温度14～28℃时运行的总时间不超过80h，每次波动时间不得超过15min。

（5）低负荷时，主蒸汽温度必须高于高压排汽压力对应的饱和温度28℃以上。

三、再热蒸汽温度允许偏差

（1）在任何情况下，再热蒸汽温度不得超过额定温度28℃以上，即628℃以上。

（2）正常情况下，中压缸的任一进汽口处的平均再热蒸汽温度在任何12个月运行期间不得超过额定温度。最高不得超过额定温度的8℃以上。

（3）在任何12个月内，再热蒸汽温度瞬时超过额定温度8～14℃时运行的总时间不超过400h。

（4）在任何12个月内，主蒸汽温度超过额定温度14～28℃时运行的总时间不超过80h，每次波动时间不得超过15min。

四、蒸汽温度差允许偏差

蒸汽温度允许偏差规定如下：

（1）任何12个月运行期间主汽门前主蒸汽两侧温度差平均值不得超过11℃。主汽门前主蒸汽两侧温度差瞬时波动不超过41℃。

（2）任何12个月运行期间左右中联阀前再热蒸汽两侧温度差平均值不得超过11℃。左右中联阀前再热蒸汽两侧温度差瞬时波动不超过41℃。

（3）主蒸汽与再热蒸汽之间的温度差限制值（主汽温度高于再热蒸汽温度时）：

1）负荷大于或等于50％额定负荷时，不得超过42℃。

2）负荷小于或等于50％额定负荷时，不得超过限制值直线。限制值直线起点：负荷为零时，165℃。

限制值直线终点：负荷为50％额定负荷时，42℃。

（4）主蒸汽温度不得低于再热蒸汽温度28℃以上（主汽温度低于再热蒸汽温度时，主蒸汽与再热蒸汽之间的温度差限制值）。

工作任务六　发电机系统的运行监视与维护

发电机系统运行监视与维护的事项如下：

（1）发电机按额定技术数据可以连续运行。值班人员必须认真监视机组运行参数，并做好记录。发现异常时，应向值长汇报、查明原因、联系检查及处理。

（2）发电机本体监测参数：有功功率、无功功率、定子电压、定子电流、零序电压、负序电流、定子绕组温度、定子铁芯温度、励磁电压、励磁电流、功率因素、频率以及定子冷却水压力、定子冷却水流量、风温等。

（3）发电机正常运行及备用中的检查：

1）发电机本体清洁无异物，运转声音正常，无异常振动。

2）发电机系统各表计指示正常，本体各部温度符合规定值，无局部过热现象。

3）发电机氢、油、水系统运行正常，各参数指示正常，无渗漏、结露现象。

4）发电机滑环、碳刷应清洁完好，无卡涩、冒火、过热、过短、刷辫断股现象；发电机大轴接地装置接触良好。

5）发变组封闭母线各部温度正常，无过热变色现象，接地完好无异常，微正压装置应长期投入运行正常。封闭母线壳体无裂纹、放电，温度在正常范围内，无明显的漏气，从窥视孔看无结露、积水现象，无明显振动现象。

6）封闭母线微正压工作正常，运行状态指示正确。

7）封闭母线内H_2的含量不超过1％。

8）发变组电压互感器、电流互感器、避雷器及中性点接地装置等无松动、过热、放电现象，接地装置完好无异常。

9）发电机氢气干燥器运行正常，定期排污。

10）发电机绝缘局部过热和局部放电监测装置运行正常，无漏气现象。

11）发电机灭磁断路器，非线性灭磁和转子过电压保护装置运行正常，接触良好无过热。各流控制柜硅元件温度正常，保险良好。冷却风扇运行正常。

12）励磁变运行正常，绕组温度正常。

13）保护盘上各继电器完好，装置运行正常，无异常报警，保护投退正确。

14）备用中的发电机系统，应按运行机组对待，至少每班检查一次。

工作领域三　机　组　停　运

工作任务一　机组滑参数停运

机组滑停采用先降压后降温的方式，机组按照定-滑-定曲线进行滑停。

一、　任务描述

注意滑参数停机的注意事项。

完成汽轮机滑参数的停运。

二、　任务分析

这项任务需要按顺序进行各阀门的操作，完成汽轮机的滑参数停运（以 660MW 机组为例，其他各类型机组参照执行）。为此，需要严格按照操作票规定的顺序，逐项完成。滑参数停运汽轮机操作票见表3－1－1。

资源库 86_滑参数停机

表 3－1－1　　滑参数停运汽轮机操作票

<table>
<tr><td colspan="4">操作任务：机组滑参数停运</td></tr>
<tr><td>操作开始时间</td><td>年　月　日　时　分</td><td>操作结束时间</td><td>年　月　日　时　分</td></tr>
<tr><td>顺序</td><td colspan="2">危险因素预控项目</td><td>执行</td></tr>
<tr><td>1</td><td colspan="2">滑参数停机控制汽温、低压的变化速率</td><td></td></tr>
<tr><td>2</td><td colspan="2">注意滑参数停机的注意事项</td><td></td></tr>
<tr><td>顺序</td><td colspan="2">操　作　项　目</td><td>执行</td></tr>
<tr><td>1</td><td colspan="2">在主控画面上设定目标负荷为 300MW，按照锅炉、汽轮机停机曲线要求，开始降压。设定负荷变化率不高于 15MW/min，主汽压变化率不高于 0.52MPa/min，主汽温度维持额定值。缓慢减少锅炉燃烧率，逐渐全开汽轮机高压调阀，机组负荷随主蒸汽压力的降低而减少</td><td></td></tr>
<tr><td>2</td><td colspan="2">逐渐减少上层磨给煤量、风量，使锅炉按规定速率降压、降负荷</td><td></td></tr>
<tr><td>3</td><td colspan="2">根据负荷情况，将上层制粉系统吹空后停运</td><td></td></tr>
<tr><td>4</td><td colspan="2">当原煤仓烧空时，应提前联系维护振打下煤管后，方可停止对应的制粉系统</td><td></td></tr>
<tr><td>5</td><td colspan="2">在负荷下降过程中，如各自动不能正常工作，应切为手动调节</td><td></td></tr>
<tr><td>6</td><td colspan="2">根据燃烧情况减少燃料量，随着机组负荷的降低，注意风量的调整</td><td></td></tr>
<tr><td>7</td><td colspan="2">减负荷过程中应注意低压缸喷水的自动投入</td><td></td></tr>
<tr><td>8</td><td colspan="2">在机组降负荷过程中，将轴封汽源切换至辅助蒸汽汽源</td><td></td></tr>
<tr><td>9</td><td colspan="2">根据机组运行情况，退出机组 CCS 运行方式</td><td></td></tr>
<tr><td>10</td><td colspan="2">负荷降至 330MW 以下或脱硝入口烟温＜320℃，退出脱硝系统（保持稀释风机运行）</td><td></td></tr>
</table>

续表

顺序	操　作　项　目	执行
11	通知邻机或小锅炉调整辅助蒸汽压力及流量，根据情况将一台汽动给水泵汽源切至辅助蒸汽	
12	检查三级减温水、低压缸喷水、本体疏水扩容器喷水投入自动	
13	根据锅炉燃烧情况及时投油枪稳燃，空气预热器投连续吹灰	
14	将空气预热器扇形板提到上极限	
15	机组投入油枪超过 2 只后，通知辅控专业	
16	机组降负荷（从 300MW 降至 180MW），主、再热汽温度开始下降，温降速度分别小于 0.8、1.0℃/min，压力下降速率小于 0.11MPa/min，控制负荷变化率不高于 10MW/min	
17	在降温降压过程中，主蒸汽温度每下降 20℃左右应稳定 10min 后再降温，以控制主、再热蒸汽的温差及汽轮机高中压缸膨胀和胀差	
18	根据情况启动电动引风机	
19	根据锅炉燃烧情况逐步增投油枪。最后保留下层 A、D 磨煤机运行	
20	负荷 250～200MW，储水箱溢流调节阀投自动，保持给水流量稳定，同时减少燃料量，逐渐降低分离器出口蒸汽过热度，完成锅炉干湿态转换	
21	保持负荷稳定，退出一台汽动给水泵运行（四抽汽源所带给水泵小汽轮机），通知化学停止加药	
22	三段抽汽压力不高于除氧器压力 0.3MPa 时，将高压加热器正常疏水切至凝汽器	
23	负荷降至 200MW，＃5/6 低压加热器疏水切至凝汽器	
24	负荷降至 180MW，全面检查各系统运行参数、自动控制正常	
25	负荷 180MW，检查汽轮机低压部分疏水自动开启	
26	负荷 180MW，稳定工况下将锅炉给水切至旁路控制	
27	机组降负荷（从 180MW 降至 60MW），机组继续降负荷，减少锅炉燃烧量，进行机组降温、降负荷。温降速率在 0.5℃/min，压降速率为 0.05MPa/min，控制负荷变化率不高于 1MW/min。当主汽压力降至 8.0MPa 时，机组转入定压运行，主汽温度及再热汽温度分别达到 540℃和 540℃	
28	负荷 120MW，除氧器汽源由四抽汽倒至辅助蒸汽联箱	
29	负荷 120MW，将 6kV 厂用电由高厂变倒为 1 号高备变接带	
30	负荷 120MW，检查汽轮机中压部分疏水阀自动开启	
31	检查确认主变压器中性点隔离开关在合位、零序保护做相应更改	
32	视情况停运高压加热器汽侧运行（也可随机滑停），低压加热器采用随机滑停。应注意各加热器的水位变化情况，同时注意调整好锅炉燃烧	
33	当低压缸排汽温度达到 47℃以上时，检查低缸喷水联开，并维持低压缸排汽温度不大于 52℃	
34	负荷 60MW，检查汽轮机高压部分疏水阀应自动开启	
35	负荷 60MW，启动主机交流润滑油泵、高压启动油泵，检查正常	
36	负荷 60MW，手动开启高、低压旁路＞5%（防止汽轮机打闸引起锅炉 MFT）	

续表

顺序	操 作 项 目	执行
37	检查发电机有功功率已减到60MW，无功功率已减到5Mvar，汇报值长，申请发电机解列	
备注：		
操作人：	值班负责人： 值长：	

三、相关知识

1. 停机操作

（1）应值长令：发电机解列。

（2）机、炉做好机组解列的准备，再次检查主机交流润滑油泵运行正常，润滑油压正常。

（3）汽轮机手动打闸，检查机组转速下降，汽轮机各主汽阀、调阀、各段抽汽止回阀应自动关闭。

（4）汽轮机打闸后，检查程序逆功率保护动作，发电机自动解列，如程序逆功率保护未动作，确认发电机已逆功率运行，应立即将无功功率降至最小，手动按“发电机紧急跳闸”“灭磁开关紧急跳闸”操作按钮，发电机解列灭磁。检查主开关三相断开，发电机三相定子电压、电流为零，转子电流、电压为零。

（5）检查厂用6kV母线电压正常。

（6）汽轮机打闸后，注意调整润滑油温、密封油母管压力在正常范围。手动关闭主、再热管道疏水。

（7）确认D磨煤机已吹空且大油枪不少于两支，停止D制粉系统。

（8）停止密封风机运行。

（9）逐步退出对应D层小油枪，锅炉MFT。

（10）检查锅炉确已熄火，MFT动作结果正常。检查锅炉上水门关闭、两台汽动给水泵跳闸。

（11）检查高低压旁路关闭，关闭高低压旁路减温水。

2. 发电机解列后热机的操作

（1）锅炉熄火后保持30%BMCR风量，维持炉膛负压－100±50Pa进行炉膛吹扫5～10min后，停止送、引风机运行，关闭风烟系统各挡板，锅炉闷炉。

（2）确认进、回油快关阀关闭，各油角阀关闭，关闭炉前油系统手动门。

（3）确认过热器、再热器减温水隔离门、调节阀关闭，关闭过热器减温水及再热器减温水手动总门。

（4）送、引风机停运后，停运脱硝稀释风机。

（5）转速2500r/min，检查顶轴油泵自启动，否则手动启动一台运行，另一台备用，检查顶轴油母管及各轴承顶轴油压力正常。

（6）机组转速到0，投入盘车运行，记录转子惰走时间。

（7）当两侧排烟温度均小于80℃，通知脱硫停运浆液循环泵。

（8）启动氢气循环风机，检查运行正常，切断氢冷器冷却水。

3. 发电机解列后电气操作

（1）断开发变组开关直流控制电源开关。

（2）拉开发变组隔离开关，断开发变组隔离开关动力电源开关。

（3）断开励磁开关控制电源。

（4）断开发电机启励电源。

（5）将高厂变低压分支开关解备。

（6）主变压器、高厂变、励磁变冷却装置停运。

（7）若机组大、小修，将发变组其余部分解备。

（8）投入发电机启停机、误上电、断路器闪络保护连接片。

4. 滑参数停机的注意事项

（1）严格控制降温、降压率、汽缸金属温降率在规定范围内。当高压缸第1级前汽温低于高压内缸金属温度30℃应暂停降温，稳定10min后再降温。

（2）滑停中应加强汽缸上下及内外壁温差、各段抽汽管道的上下壁温差、缸胀、胀差、振动的监视，根据参数变化趋势及时进行调整。定期倾听汽轮机有无动、静摩擦声。

（3）单机运行停运时，注意提前启动一台启动锅炉备用。

（4）单机运行停运时，停机后轴封汽源优先使用再热冷段至辅助蒸汽联箱汽源。

（5）注意除氧器、凝汽器、高低压加热器水位变化，保持正常水位运行。

（6）滑停中应注意主、再热汽温至少要有50℃以上的过热度。必须严格控制主、再热汽温不得有大的波动，特别在低负荷工况下，对汽温的调整要缓慢，防止主、再热汽温大幅度波动。

（7）滑停过程中加强燃烧调整，燃烧不稳及时投油。

（8）制粉系统停运前，应将制粉系统中的积粉吹净后再停运，并对磨煤机进行吹扫，防止磨煤机及制粉系统管道中积粉自燃。

（9）滑停过程中加强空气预热器吹灰，投油后空气预热器投入连续吹灰。

（10）滑停过程中锅炉由干态转湿态时，操作应平稳，控制好煤水比，防止负荷和主要参数大幅波动。

（11）锅炉滑停及熄火后，严密监视空气预热器进、出口烟温，发现烟温不正常升高和炉膛压力不正常波动等再燃烧现象时，应立即采取灭火措施。

（12）滑停过程中出现需紧急停运的情况时，应立即打闸紧急停机。

四、完成任务

登录660MW超超临界机组（含330MW亚临界机组、350MW超临界循环流化床机组、50MW循环流化床母管制机组）系统平台，严格按规范程序完成机组滑参数停运的工作。

五、 任务评价

根据工作任务的完成情况，对照评价项目和技术标准规范，逐项评价，确定技能水平和改进的要求。滑参数停运汽轮机评价表见表3-1-2。

表3-1-2　　滑参数停运汽轮机评价表

内　容		评　价	
学习目标	评　价　项　目	个人评价	教师评价
知识目标	滑参数停机控制汽温、低压的变化速率		
	注意滑参数停机的注意事项		
技能目标	在主控画面上设定目标负荷为300MW，按照锅炉、汽轮机停机曲线要求，开始降压。设定负荷变化率不高于15MW/min，主汽压变化率不高于0.52MPa/min，主汽温度维持额定值。缓慢减少锅炉燃烧率，逐渐全开汽轮机高压调阀，机组负荷随主蒸汽压力的降低而减少		
	逐渐减少上层磨给煤量、风量，使锅炉按规定速率降压、降负荷		
	根据负荷情况，将上层制粉系统吹空后停运		
	当原煤仓烧空时，应提前联系维护振打下煤管后，方可停止对应的制粉系统		
	在负荷下降过程中，如各自动不能正常工作，应切为手动调节		
	根据燃烧情况减少燃料量，随着机组负荷的降低，注意风量的调整		
	减负荷过程中应注意低压缸喷水的自动投入		
	在机组降负荷过程中，将轴封汽源切换至辅助蒸汽汽源		
	根据机组运行情况，退出机组CCS运行方式		
	负荷降至330MW以下或脱硝入口烟温＜320℃，退出脱硝系统（保持稀释风机运行）		
	通知邻机或小锅炉调整辅助蒸汽压力及流量，根据情况将一台汽动给水泵汽源切至辅助蒸汽		
	检查三级减温水、低压缸喷水、本体疏水扩容器喷水投入自动		
	根据锅炉燃烧情况及时投油枪稳燃，空气预热器投连续吹灰		
	将空气预热器扇形板提到上极限		
	机组投入油枪超过2支后，通知辅控专业		
	机组降负荷（从300MW降至180MW），主、再热汽温度开始下降，温降速度分别小于0.8、1.0℃/min，压力下降速率小于0.11MPa/min，控制负荷变化率不高于10MW/min		
	在降温降压过程中，主蒸汽温度每下降20℃左右应稳定10min后再降温，以控制主、再热蒸汽的温差及汽轮机高中压缸膨胀和胀差		

续表

内　　容		评　　价	
学习目标	评　价　项　目	个人评价	教师评价
技能目标	根据情况启动电动引风机		
	根据锅炉燃烧情况逐步增投油枪。最后保留下层 A、D 磨煤机运行		
	负荷 250MW～200MW，储水箱溢流调节阀投自动，保持给水流量稳定，同时减少燃料量，逐渐降低分离器出口蒸汽过热度，完成锅炉干湿态转换		
	保持负荷稳定，退出一台汽动给水泵运行（四抽汽源所带给水泵小汽轮机），通知化学停止加药		
	三段抽汽压力不高于除氧器压力 0.3MPa 时，将高压加热器正常疏水切至凝汽器		
	负荷降至 200MW，5、6 号低压加热器疏水切至凝汽器		
	负荷降至 180MW，全面检查各系统运行参数、自动控制正常		
	负荷 180MW，检查汽轮机低压部分疏水自动开启		
	负荷 180MW，稳定工况下将锅炉给水切至旁路控制		
	机组降负荷（从 180MW 降至 60MW），机组继续降负荷，减少锅炉燃烧量，进行机组降温、降负荷。温降速率在 0.5℃/min，压降速率为 0.05MPa/min，控制负荷变化率不高于 1MW/min。当主汽压力降至 8.0MPa 时，机组转入定压运行，主汽温度及再热汽温度分别达到 540℃和 540℃		
	负荷 120MW，除氧器汽源由四抽倒至辅助蒸汽联箱		
	负荷 120MW，将 6kV 厂用电由高厂变倒为 1 号高备变接带		
	负荷 120MW，检查汽轮机中压部分疏水阀自动开启		
	检查确认主变压器中性点隔离开关在合位、零序保护做相应更改		
	视情况停运高压加热器汽侧运行（也可随机滑停），低压加热器采用随机滑停。应注意各加热器的水位变化情况，同时注意调整好锅炉燃烧		
	当低压缸排汽温度达到 47℃以上时检查低缸喷水联开，并维持低压缸排汽温度不大于 52℃		
	负荷 60MW，检查汽轮机高压部分疏水阀应自动开启		
	负荷 60MW，启动主机交流润滑油泵、高压启动油泵，检查正常		
	负荷 60MW，手动开启高、低压旁路＞5%（防止汽轮机打闸引起锅炉 MFT）		
	检查发电机有功功率已减到 60MW，无功功率已减到 5Mvar，汇报值长，申请发电机解列		

续表

内容		评价	
学习目标	评价项目	个人评价	教师评价
素质目标	沟通能力		
	团队合作能力		
	方法创新能力		
	突发事件处理能力		
改进要求			

六、课后练习

(1) 简述滑参数停机的注意事项。

(2) 描述发电机解列后热机的操作。

工作任务二　机组紧急停运

一、任务描述

检查机组具备紧急停机条件。

完成机组紧急停运的操作。

二、任务分析

这项任务需要按顺序进行各阀门的操作，完成机组的紧急停运（以660MW机组为例，其他各类型机组参照执行）。为此，需要严格按照操作票规定的顺序，逐项完成。紧急停运汽轮机操作票见表3-2-1。

表3-2-1　紧急停运汽轮机操作票

操作任务：机组紧急停运				
操作开始时间	年　月　日　时　分	操作结束时间	年　月　日　时　分	
顺序	危险因素预控项目			执行
1	检查锅炉具备紧急停机条件			
2	检查汽轮机具备紧急停机条件			
3	检查发电机具备紧急停机条件			
顺序	操作项目			执行
1	机、炉、发电机任一紧急停运条件满足，应立即手动按下相应主设备紧急跳闸按钮，如若大连锁未动作，手动按下其他两个主设备紧急跳闸按钮			
2	检查交流润滑油泵、高压启动油泵自启动、油压正常、汽轮机转速下降；检查锅炉所有燃料已切断；检查发备组出口开关、灭磁开关已断开，定转子电压、电流为零			
3	停真空泵，开启真空破坏门（破坏真空紧急停机，执行此项）			
4	检查6kV厂用电正常，若保安段失压，检查柴油发电机启动正常；UPS、直流系统正常，保证机组安全停运			
5	检查各疏水门自动开启（破坏真空紧急停机应关闭主再热蒸汽管道疏水阀，禁止向凝汽器排热汽、热水）			

续表

顺序	操　作　项　目	执行
6	及时切换轴封汽源，注意轴封蒸汽温度应和金属温度相匹配，调整轴封压力	
7	在转速下降的同时，进行全面检查，仔细倾听机组内部声音。记录分析惰走时间（汽轮机紧急停运时执行该项）	
8	发电机内部着火和氢爆炸时，要用二氧化碳灭火，并紧急排氢，着火被扑灭前，尽量保持盘车运行	
9	若引、送风机未跳，应将锅炉总风量调至约 30%BMCR 工况的风量，吹扫 5min。如风机跳闸，开启风烟挡板自然通风 15min 后关闭；具备条件时，启动单侧送、引风机对炉膛进行吹扫，若短时间不点火，吹扫后停送、引风机，锅炉闷炉	
10	其他操作按正常停机进行	
11	将有关曲线、事故记录打印并保存好，做好事故记录	
12	操作完毕，汇报值长	
备注：		
操作人：	值班负责人：	值长：

三、 相关知识

资源库 87_汽轮机事故停机

1. 锅炉紧急停运条件

（1） MFT 应该动作而拒动时。

（2） 锅炉承压部件、受热面和管道爆破难以维持运行。

（3） 所有锅炉给水流量表计损坏，不能正常监视锅炉上水流量。

（4） 再热蒸汽突然中断。

（5） 锅炉压力达到安全阀动作值而安全阀拒动时。

（6） 确认尾部烟道发生二次燃烧，排烟温度超过 250℃且快速上升。

（7） 炉膛内或烟道内发生爆炸，使设备遭到严重损坏时。

（8） 锅炉范围内发生火灾，直接威胁人身及锅炉的安全运行时。

（9） 热工仪表、控制电（气）源中断，无法监视、调整主要运行参数时。

（10） 脱硫岛吸收塔、原净烟道发生火灾，直接威胁人身及设备的安全运行时。

2. 汽轮机破坏真空紧急停运条件

（1） 汽轮机转速超过 3300r/min 而危急保安器拒动。

（2） 任一轴承回油温度急剧升至 75℃或任一轴承断油冒烟时。

（3） 1～10 号任一个支持轴承金属温度升至 121℃或汽轮机推力轴承金属温度达 115℃，保护未动作时。

（4） 汽轮机发生水冲击。

（5） 机组突然发生剧烈振动，轴承振动达 0.08mm 以上或轴振达 0.250mm 而保护未动作或汽轮机内部有明显的金属撞击声。

（6） 轴向位移达＋0.8mm 或－1.28mm 而保护未动作。

（7） 汽轮机轴封或挡油环严重摩擦冒火花。

（8）轴承润滑油压下降至0.069MPa，启动交直流润滑油泵无效，而保护未动作。

（9）主油箱油位急剧下降至最低允许油位线以下，且补油无效。

（10）发电机及励磁系统冒烟、着火，或氢气系统发生火灾、爆炸。

（11）汽轮机油系统着火，不能迅速扑灭，严重威胁机组安全。

（12）汽机高压缸胀差≥+7.5mm或≤−7.5mm、中压缸胀差≥+7.5mm或≤−7.5mm、低压胀差≥+29mm或≤−9mm保护未动作。

3. 发电机紧急停运条件

（1）发电机内冒烟起火或发电机内氢气爆炸。

（2）发电机TA、出口TV、中性点接地装置冒烟、着火无法隔离。

（3）励磁变起火、整流柜冒烟起火，发电机碳刷滑环着火处理无效。

（4）定子绕组大量漏水，且伴有定、转子接地。

（5）发电机强烈振动，机内有摩擦、撞击声。

（6）发变组故障，保护或开关拒动。

（7）发变组发生直接威胁人身或设备安全的情况时。

（8）主变、高厂变及励磁变发生需紧急停运条件之一时。

四、完成任务

登录660MW超超临界机组（含330MW亚临界机组、350MW超临界循环流化床机组、50MW循环流化床母管制机组）系统平台，严格按规范程序完成机组紧急停运的启动工作。

五、任务评价

根据工作任务的完成情况，对照评价项目和技术标准规范，逐项评价，确定技能水平和改进的要求。紧急停运汽轮机评价表见表3-2-2。

表3-2-2　紧急停运汽轮机评价表

内容		评价	
学习目标	评价项目	个人评价	教师评价
知识目标	检查锅炉具备紧急停机条件		
	检查汽轮机具备紧急停机条件		
	检查发电机具备紧急停机条件		
技能目标	机、炉、发电机任一紧急停运条件满足，应立即手动按下相应主设备紧急跳闸按钮，如若大连锁未动作，手动按下其他两个主设备紧急跳闸按钮		
	检查交流润滑油泵、交流启动油泵自启动、油压正常、汽轮机转速下降；检查锅炉所有燃料已切断；检查发备组出口开关、灭磁开关已断开，定转子电压、电流为零		
	停真空泵，开启真空破坏门（破坏真空紧急停机，执行此项）		
	检查6kV厂用电正常，若保安段失压，检查柴油发电机启动正常；UPS、直流系统正常，保证机组安全停运		

续表

内容		评价	
学习目标	评价项目	个人评价	教师评价
技能目标	检查各疏水门自动开启（破坏真空紧急停机应关闭主再热蒸汽管道疏水阀，禁止向凝汽器排热汽、热水）		
	及时切换轴封汽源，注意轴封蒸汽温度应和金属温度相匹配，调整轴封压力		
	在转速下降的同时，进行全面检查，仔细倾听机组内部声音。记录分析惰走时间（汽轮机紧急停运时执行该项）		
	发电机内部着火和氢爆炸时，要用二氧化碳灭火，并紧急排氢，着火被扑灭前，尽量保持盘车运行		
	若引、送风机未跳，应将锅炉总风量调至约30%BMCR工况的风量，吹扫5min。如风机跳闸，开启风烟挡板自然通风15min后关闭；具备条件时，启动单侧送、引风机对炉膛进行吹扫，若短时间不点火，吹扫后停送、引风机，锅炉闷炉		
	其他操作按正常停机进行		
	将有关曲线、事故记录打印并保存好，做好事故记录		
	操作完毕，汇报值长		
素质目标	沟通能力		
	团队合作能力		
	方法创新能力		
	突发事件处理能力		
改进要求			

六、课后练习

（1）描述锅炉、汽轮机、发电机紧急停机条件。

（2）利用仿真平台训练紧急停机的操作。

参 考 文 献

[1] 卢洪波，刘洪宪，赵星海，等. 电厂热力系统及设备. 北京：中国电力出版社，2016.

[2] 尹静，谢新，林祥，等. 火电机组集控运行. 北京：中国电力出版社，2016.

[3] 杨建华，王玉召，屈卫东，等. 循环流化床锅炉设备与运行. 3版. 北京：中国电力出版社，2014.

[4] 杨小琨，杨作梁. 火电厂热力设备及系统. 北京：中国电力出版社，2010.

[5] 杨成民. 600MW超临界压力火电机组系统与仿真运行. 北京：中国电力出版社，2010.

[6] 付小平，李庆，石平，等. 火电机组集控运行. 北京：中国电力出版社，2012.